"十四五"国家重点出版物出版规划项目

军事高科技知识丛书 · 黎 湘 傅爱国 主编

电子对抗

黄知涛 王 翔 等★编著

Electronic Countermeasures

国防科技大学出版社
· 长沙 ·

图书在版编目（CIP）数据

电子对抗 / 黄知涛等编著. -- 长沙 ：国防科技大学出版社，2024. 7. -- （军事高科技知识丛书 / 黎湘，傅爱国主编）. -- ISBN 978 - 7 - 5673 - 0658 - 5

Ⅰ. TN97

中国国家版本馆 CIP 数据核字第 2024QC0356 号

军事高科技知识丛书

丛书主编：黎　湘　傅爱国

电子对抗

DIANZI DUIKANG

编　　著：黄知涛　王　翔　等

出版发行：国防科技大学出版社

责任编辑：梁　慧　　责任美编：张亚婷

责任校对：杨　琴　　责任印制：丁四元

印　　制：长沙市精宏印务有限公司　　开　　本：710 × 1000　1/16

印　　张：15. 75　　字　　数：233 千字

版　　次：2024 年 7 月第 1 版　　印　　次：2024 年 7 月第 1 次

书　　号：ISBN 978 - 7 - 5673 - 0658 - 5

定　　价：118. 00 元

社　　址：长沙市开福区德雅路 109 号

邮　　编：410073

电　　话：0731 - 87028022

网　　址：https://www. nudt. edu. cn/press/

邮　　箱：nudtpress@ nudt. edu. cn

军事高科技知识丛书

总序

孙子曰：“凡战者，以正合，以奇胜。故善出奇者，无穷如天地，不竭如江河。”纵观古今战场，大胆尝试新战法、运用新力量，历来是兵家崇尚的制胜法则。放眼当前世界，全球科技创新空前活跃，以智能化为代表的高新技术快速发展，新军事革命突飞猛进，推动战争形态和作战方式深刻变革。科技已经成为核心战斗力，日益成为未来战场制胜的关键因素。

科技强则国防强，科技兴则军队兴。在人民军队走过壮阔历程、取得伟大成就之时，我们也要清醒地看到，增加新域新质作战力量比重、加快无人智能作战力量发展、统筹网络信息体系建设运用等，日渐成为建设世界一流军队、打赢未来战争的关键所在。唯有依靠科技，才能点燃战斗力跃升的引擎，才能缩小同世界强国在军事实力上的差距，牢牢掌握军事竞争战略主动权。

党的二十大报告明确强调“加快实现高水平科技自立自强”“加速科技向战斗力转化”，为推动国防和军队现代化指明了方向。国防科技大学坚持以国家和军队重大战略需求为牵引，在超级计算机、卫星导航定位、信息通信、空天科学、气象海洋等领域取得了一系列重大科研成果，有效提高了科技创新对战斗力的贡献率。

站在建校70周年的新起点上，学校恪守“厚德博学、强军兴国”校训，紧盯战争之变、科技之变、对手之变，组织动员百余名专家教授，编纂推出“军事高科技知识丛书”，力求以深入浅出、通俗易懂的叙述，系统展示国防科技发展成就和未来前景，以飨心系国防、热爱科技的广大读者。希望作者们的努力能够助力经常性群众性科普教育、全民军事素养科技素养提升，为实现强国梦强军梦贡献力量。

国防科技大学　校　长　邓小刚
　　　　　　　政治委员　何爱国

院士推荐

杨学军

强军之道，要在得人。当前，新型科技领域创新正引领世界军事潮流，改变战争制胜机理，倒逼人才建设发展。国防和军队现代化建设越来越快，人才先行的战略性紧迫性艰巨性日益显著。

国防科技大学是高素质新型军事人才培养和国防科技自主创新高地。长期以来，大学秉承“厚德博学、强军兴国”校训，坚持立德树人、为战育人，为我军培养造就了以“中国巨型计算机之父”慈云桂、国家最高科学技术奖获得者钱七虎、“中国歼－10之父”宋文骢、中国载人航天工程总设计师周建平、北斗卫星导航系统工程副总设计师谢军等为代表的一茬又一茬科技帅才和领军人物，切实肩负起科技强军、人才强军使命。

今年，正值大学建校70周年，在我军建设世界一流军队、大学奋进建设世界一流高等教育院校的征程中，丛书的出版发行将涵养人才成长沃土，点燃科技报国梦想，帮助更多人打开更加宏阔的前沿科技视野，勾画出更加美好的军队建设前景，源源不断吸引人才投身国防和军队建设，确保强军事业薪火相传、继往开来。

中国科学院院士 杨学军

院士推荐

包为民

近年来，我国国防和军队建设取得了长足进步，国产航母、新型导弹等新式装备广为人知，但国防科技对很多人而言是一个熟悉又陌生的领域。军事工作的神秘色彩、前沿科技的探索性质，让许多人对国防科技望而却步，也把潜在的人才拦在了门外。

作为一名长期奋斗在航天领域的科技工作者，从小我就喜欢从书籍报刊中汲取航空航天等国防科技知识，好奇“在浩瀚的宇宙中，到底存在哪些人类未知的秘密”，驱动着我发奋学习科学文化知识；参加工作后，我又常问自己“我能为国家的国防事业作出哪些贡献”，支撑着我在航天科研道路上奋斗至今。在几十年的科研工作中，我也常常深入大学校园为国防科研事业奔走呼吁，解答国防科技方面的困惑。但个人精力是有限的，迫切需要一个更为高效的方式，吸引更多人加入科技创新时代潮流、投身国防科研事业。

所幸，国防科技大学的同仁们编纂出版了本套丛书，做了我想做却未能做好的事。丛书注重夯实基础、探索未知、谋求引领，为大家理解和探索国防科技提供了一个新的认知视角，将更多人的梦想连接国防科技创新，吸引更多智慧力量向国防科技未知领域进发！

中国科学院院士

院士推荐

费爱国

站在世界百年未有之大变局的当口，我国重大关键核心技术受制于人的问题越来越受到关注。如何打破国际垄断和技术壁垒，破解网信技术、信息系统、重大装备等“卡脖子”难题牵动国运民心。

在创新不断被强调、技术不断被超越的今天，我国科技发展既面临千载难逢的历史机遇，又面临差距可能被拉大的严峻挑战。实现科技创新高质量发展，不仅要追求“硬科技”的突破，更要关注“软实力”的塑造。事实证明，科技创新从不是一蹴而就，而有赖于基础研究、原始创新等大量积累，更有赖于科普教育的强化、生态环境的构建。唯有坚持软硬兼施，才能推动科技创新可持续发展。

千秋基业，以人为本。作为科技工作者和院校教育者，他们胸怀“国之大者”，研发“兵之重器”，在探索前沿、引领未来的同时，仍能用心编写此套丛书，实属难能可贵。丛书的出版发行，能够帮助广大读者站在巨人的肩膀上汲取智慧和力量，引导更多有志之士一起踏上科学探索之旅，必将激发科技创新的精武豪情，汇聚强军兴国的磅礴力量，为实现我国高水平科技自立自强增添强韧后劲。

中国工程院院士　费爱国

院士推荐

陆建华

当今世界，新一轮技术革命和产业变革突飞猛进，不断向科技创新的广度、深度进军，速度显著加快。科技创新已经成为国际战略博弈的主要战场，围绕科技制高点的竞争空前激烈。近年来，以人工智能、集成电路、量子信息等为代表的尖端和前沿领域迅速发展，引发各领域深刻变革，直接影响未来科技发展走向。

国防科技是国家总体科技水平、综合实力的集中体现，是增强我国国防实力、全面建成世界一流军队、实现中华民族伟大复兴的重要支撑。在国际军事竞争日趋激烈的背景下，深耕国防科技教育的沃土、加快国防科技人才培养、吸引更多人才投身国防科技创新，对于全面推进科技强军战略落地生根、大力提高国防科技自主创新能力、始终将军事发展的主动权牢牢掌握在自己手中意义重大。

丛书的编写团队来自国防科技大学，长期工作在国防科技研究的第一线、最前沿，取得了诸多高、精、尖国防高科技成果，并成功实现了军事应用，为国防和军队现代化作出了卓越业绩和突出贡献。他们拥有丰富的知识积累和实践经验，在阐述国防高科技知识上既系统，又深入，有卓识，也有远见，是普及国防科技知识的重要力量。

相信丛书的出版，将点燃全民学习国防高科技知识的热情，助力全民国防科技素养提升，为科技强军和科技强国目标的实现贡献坚实力量。

中国科学院院士

院士推荐

王怀民

《“十四五”国家科学技术普及发展规划》中指出，要对标新时代国防科普需要，持续提升国防科普能力，更好为国防和军队现代化建设服务，鼓励国防科普作品创作出版，支持建设国防科普传播平台。

国防科技大学是中央军委直属的综合性研究型高等教育院校，是我军高素质新型军事人才培养高地、国防科技自主创新高地。建校70年来，国防科技大学着眼服务备战打仗和战略能力建设需求，聚焦国防和军队现代化建设战略问题，坚持贡献主导、自主创新和集智攻关，以应用引导基础研究，以基础研究支撑技术创新，重点开展提升武器装备效能的核心技术、提升体系对抗能力的关键技术、提升战争博弈能力的前沿技术、催生军事变革的重大理论研究，取得了一系列原创性、引领性科技创新成果和战争研究成果，成为国防科技“三化”融合发展的领军者。

值此建校70周年之际，国防科技大学发挥办学优势，组织撰写本套丛书，作者全部是相关科研领域的高水平专家学者。他们结合多年教学科研积累，围绕国防教育和军事科普这一主题，运用浅显易懂的文字、丰富多样的图表，全面阐述各专业领域军事高科技的基本科学原理及其军事运用。丛书出版必将激发广大读者对国防科技的兴趣，振奋人人为强国兴军贡献力量的热情。

中国科学院院士

❖❖

院士推荐

宋君强

习主席强调，科技创新、科学普及是实现创新发展的两翼，要把科学普及放在与科技创新同等重要的位置。《“十四五”国家科学技术普及发展规划》指出，要强化科普价值引领，推动科学普及与科技创新协同发展，持续提升公民科学素质，为实现高水平科技自立自强厚植土壤、夯实根基。

《中华人民共和国科学技术普及法》颁布实施至今已整整21年，科普保障能力持续增强，全民科学素质大幅提升。但随着时代发展和新技术的广泛应用，科普本身的理念、内涵、机制、形式等都发生了重大变化。繁荣科普作品种类、创新科普传播形式、提升科普服务效能，是时代发展的必然趋势，也是科技强军、科技强国的内在需求。

作为军队首个“科普中国”共建基地单位，国防科技大学大力贯彻落实习主席提出的“科技创新、科学普及是实现创新发展的两翼，要把科学普及放在与科技创新同等重要的位置”指示精神，大力加强科学普及工作，汇集学校航空航天、电子科技、计算机科学、控制科学、军事学等优势学科领域的知名专家学者，编写本套丛书，对国防科技重点领域的最新前沿发展和武器装备进行系统全面、通俗易懂的介绍。相信这套丛书的出版，能助力全民军事科普和国防教育，厚植科技强军土壤，夯实人才强军根基。

中国工程院院士 宋君强

电子对抗

编　　著：黄知涛　王　翔　柳　征
王丰华　李保国

前言

电子对抗真的有那么重要吗？应美国电子战学会——“老乌鸦协会”的邀请，英国空战与电子战方面的专家艾尔弗雷德·普赖斯，采访了近400位与美国电子战有关的人士，并在收集整理了大量史料的基础上撰写了《美国电子战史》一书，详细记录了美军从二战到科索沃战争中实施的电子战行动。通过这些大大小小的电子战行动，能深刻地理解电子战在战争中的极端重要性。但毕竟《美国电子战史》总结的是过去的战争，那么未来信息化甚至智能化战争中，电子战还有那么重要的地位吗？这个问题，相信读者读完此书，会找到答案。

目前，国内电子对抗方面的书籍种类繁多，包括偏重技术的教材专著、军事特色鲜明的专著译著以及战例分析与研究为主的各类参考书，等等。有没有可能编撰一本将技术原理、作战运用、未来发展等内容有机结合、融会贯通的参考书？就像艾尔弗雷德·普赖斯在《美国电子战史》中讲到的，本质上，电子战是一种互相对抗的科学。电子战的军事对抗特征、技术特征都非常明显。不同于以技术为主线的叙述方式，本书以电子对抗的任务、装备和作战运用为主线展开，结合最新的战例阐明电子对抗的技术原理。讲原理时，摒弃烦琐的数学计算和理论推导，尽可能多用示意图等方式，深入浅出地讲清基本过程、基本机理。

艾尔弗雷德·普赖斯在研究美国电子战近60年发展历史的基础上，总结出13个经验教训，其中之一就是，不熟悉电子战的人对电子战能力会抱有错误观念。如果通过阅读此书，广大读者能对电子对抗有一个基本正确的认知，那这本书就成功了。阅读此书不需要专门的基础知识，此书适合所有对电子对抗有兴趣的人士。

全书共分为5章。电子对抗基本概念是全书的基础，通过比较电子对抗与电子战的概念，向读者描述电子对抗的历史沿革、主要内容和作战运用，使读者对电子对抗有一个全面系统的了解。“电子对抗侦察”一章介绍了电子对抗侦察基本概念、主要任务与技术、典型装备与应用。“电子进攻”一章介绍了电子干扰、反辐射攻击、定向能攻击与隐身四大电子进攻手段的基本概念与典型装备。“电子防御”一章介绍了反电子侦察、反电子干扰、反隐身、抗反辐射攻击的基本概念与战术技术手段等。“电子对抗挑战与未来发展”一章分析了电子对抗技术、装备、运用等新特点，对电子对抗面临的挑战和发展趋势进行了总结。

本书由国防科技大学黄知涛教授设计和统稿，并负责第1章和第5章的编写工作。王翔副教授负责第2章、第3章的编写工作。柳征研究员、王丰华副研究员、李保国副教授负责第4章的编写工作。全书由黄知涛教授审阅、修改。研究生柯达、王垚、赵雨睿等做了大量的辅助工作。同时，在本书的编写过程中，还参考了同行们此前出版的著作和发表的学术论文，吸取了他们的智慧，在此一并表示感谢。

在本书的编写过程中，国防科技大学电子科学学院的各级领导给予了大力支持和指导。在本书的审校过程中，国防科技大学周一宇教授、军事科学院杨健副研究员等专家审阅了书稿，并提出了宝贵的意见。在此表示衷心感谢。

鉴于作者水平有限，书中观点、引述的资料或者内容难免会有疏漏，敬请批评指正。

作　者
2024 年 5 月

目录

第1章 电子对抗基本概念

和平时期，电子战没有多少吸引力，但在战时它却意味着生与死的差别！

——《美国电子战史》序言

依赖电磁频谱工作的电子信息系统已经成为战场侦察预警、指挥控制、数据传输、精确打击及效能评估等各种作战应用的“生命线”，同时也成为作战对手的“眼中钉”。电子对抗（electronic countermeasures，ECM）正是对付各类电子信息系统的“撒手锏”，它伴随不同电子信息系统的产生而产生，随着电子信息技术的发展而发展。

电子对抗始于20世纪初日俄战争的无线电通信干扰。第一次世界大战中，交战双方曾用无线电通信设备侦收对方的信息和干扰对方通信。第二次世界大战期间，电子对抗的领域、手段和规模都有了很大发展，特别是雷达对抗迅速兴起。例如，英军在空袭德国汉堡战役中，以及英美联军在诺曼底登陆战役中，都成功运用了各种电子对抗手段，有效促进了作战行动的顺利实施。

20世纪50年代中期以后，电子技术和导弹技术飞速发展，特别是在越南、中东等局部战争中，各种战术导弹、制导炸弹和依靠雷达控制的火炮被广泛应用，促进了电子对抗的全面发展。专门摧毁雷达的反辐射导弹的问世，使得电子对抗家族第一次增加了具有硬摧毁能力的成员。专用的电子对抗飞机、电子干扰吊舱、一次性使用干扰机等数百种电子对抗装备、器材装备于部队，发挥了重要作用。同时，由于光电探测和制导技术在军事上的应用，电子对抗又扩展到光电对抗领域。在第四次中东战争中，以色列采用发射箔条火箭等方法干扰“冥河”反舰导弹，使得埃及、叙利亚发射的几十枚导弹无一命中目标。但以色列空军面对阿拉伯国家使用的“萨姆-6”防空系统时由于没有采用有效的电子干扰手段，在战争的第一周就有大量飞机被击落。而在 1982 年贝卡谷地之战中，以色列通过干扰叙利亚的地空指挥通信和“萨姆-6”导弹制导雷达，并使用反辐射导弹攻击叙军防空阵地，取得辉煌战果。此战在空战史上具有划时代的意义，被认为是电子对抗的经典案例。

如果说在以前的战争中，电子对抗作为重要作战手段发挥了突出的作用，那么在 1991 年的海湾战争中，电子对抗已发展成现代高技术战争的重要组成部分。多国部队投入的电子对抗兵器种类之多、技术水平之高、作战规模之大和综合协同性之强都是现代战争史上前所未有的。以美国为首的多国部队开展了一场“全空域、全时域、全频域”的电子对抗行动，多国部队在海湾战争中的胜利可以说就是电子对抗的胜利。

进入 21 世纪以来，电子对抗更是在伊拉克战争、叙利亚冲突、纳卡冲突、俄乌冲突等中大显身手。运用电子对抗夺取电磁频谱控制权已成为战争胜负的决定性因素之一。

那么，什么是电子对抗？本章将对此进行详细阐述。

1.1 电子对抗的含义

1991 年 8 月，《中国军事百科全书：军事指挥分册》中明确了电子对抗的概念与内涵。1991 年 10 月，国防科学技术工业委员会批准发布了《电子对抗术语》国军标（GJB 891—91），定义了电子对抗的含义，其中水声对抗被纳入电子对抗的内涵。2001年5月，中国人民解放军原总装备部批准发布了修订后的《电子对抗术语》国军标（GJB 891A—2001），进一步将电子对抗概念与内涵进行了调整。修订后的国军标对电子对抗的定义更为规范、内涵更加清晰，其概念也一直沿用至今。解放军原四总部于2011年12月联合批准的修订版《中国人民解放军军语》也给出了类似的定义。如无特殊声明，本书中电子对抗侦察、电子进攻、电子防御等电子对抗相关概念都以GJB 891A—2001为准。

· 名词解释

– 电子对抗 –

为削弱、破坏敌方电子设备的使用效能和保护己方电子设备正常发挥效能而采取的措施。其主要内容包括电子侦察、电子进攻和电子防卫。

——《中国军事百科全书：军事指挥分册》

军事上为削弱、破坏敌方电子设备的有效使用，同时保障己方电子设备正常工作而采取的综合措施。其内容包括电子对抗侦察、电子干扰、反辐射摧毁、电子防御；按技术领域可分为雷达对抗、通信对抗、光电对抗、水声对抗等。

——《电子对抗术语》（GJB 891—91）

利用电磁能、定向能、水声能等技术手段，确定、扰乱、削弱、破坏、摧毁敌方电子信息系统和电子设备，并为保护己方电子信息系统和电子设备正常使用而采取的各种战术技术措施和行动。其内容包括电子对抗侦察、电子进攻和电子防御三部分。国外亦称电子战、电子斗争、无线电电子斗争。

——《电子对抗术语》（GJB 891A—2001）

使用电磁能、定向能和声能等技术手段，控制电磁频谱，削弱、破坏敌方电子信息设备、系统、网络及相关武器系统或人员的作战效能，同时保护己方电子信息设备、系统、网络及相关武器系统或人员作战效能正常发挥的作战行动。

——《中国人民解放军军语》（2011版）

1.2 电子对抗的基本内容

电子对抗由电子对抗侦察、电子进攻和电子防御三部分组成。

电子对抗侦察是指使用电子技术手段，对电磁（或水声）信号进行搜索、截获、测量、分析、识别，以获取敌方电子信息系统和电子设备的技术参数、功能、类型、位置、用途，以及相关武器和平台类别等情报信息的各种战术技术措施和行动。

电子进攻是指使用电磁能、定向能、水声能等技术手段，扰乱、削弱、破坏、摧毁敌方电子信息系统、电子设备及相关武器或人员作战效能的各种战术技术措施和行动。

电子防御是指使用电子或其他技术手段，在敌方或己方实施电子对抗侦察及电子进攻时，保护己方电子信息系统、电子设备及相关武器系统或人员的作战效能的各种战术技术措施和行动。

电子对抗的作战对象包括侦察预警、指挥控制、精确打击、战场评估等整个作战过程中依赖电磁频谱工作的各类设备和系统，如雷达、通信、导航、敌我识别系统等。按照不同的技术领域，电子对抗一般分为雷达对抗、通信对抗、光电对抗和水声对抗等。针对特定的作战对象，又细分或扩展出导航对抗、敌我识别对抗、遥测遥控对抗、无线电引信对抗等。其中，光电对抗和水声对抗已经发展为独立的学科，本书仅介绍其相关概念，重点针对雷达对抗、通信对抗等内容进行详细阐述。

1.3 电子对抗在现代战争中的作用

在信息化战争中，电磁频谱是联合军事力量遂行作战任务的物理媒介。谁控制了电磁频谱获得了电磁优势，谁就会获得战场主动权。世界近期发生的几场局部军事冲突、战争充分表明：以削弱敌方、保护己方电子信息系统效能为目的的电子对抗，在改变双方力量对比并决定作战进程乃至胜负上具有重要作用。此外，美军在伊拉克、阿富汗进行的非战争军事行动也凸显了电子对抗在反恐情报获取、无线电控制简易爆炸装置对抗等方面的巨大作用。

早在海湾战争中，美军电子对抗装备就已经实现陆海空天立体化部署，在战略、战役、战术行动上均能发挥作用。它们覆盖整个电磁频谱，对各种威胁，无论是高频的、低频的，还是红外的、可见光的，均能作出反应。由此美军掌握了绝对的制电磁权。而在电子对抗完全处于劣势的情况下，伊军的指挥、控制、通信和情报系统陷入瘫痪，部队情况不明、指挥不灵，这导致了最终的失败。此外，电子对抗不仅是控制战场主动权，还是形成战略威慑的重要因素。这种威慑作用不仅表现在直接攻击、毁伤敌方军用电子信息系统方面，而且能对敌方造成巨大的心理威慑，从而削弱其战斗力。海湾战争中，伊拉克指挥官相信美军的电子侦察系统有能力精确定位伊军的雷达、通信等各类辐射源，并在几分钟内引导反辐射攻击武器等实施精确打击。这导致战争后期，伊拉克军队不愿在战场使用无线电台进行通信联络，甚至关闭雷达探测设备。

电子对抗在现代战争中的作用具体表现在以下几个方面：

侦收和研判敌方军事情报。利用电子对抗侦察设备，如电子侦察卫星、电子侦察飞机等，截获、分析、识别以及定位敌方各种电磁信号，准确掌握敌方各类电子信息系统的工作频率技术参数，关联平台的活动规律等战术运用特点，从而分析研判出敌方的兵力部署、武器装备性能、作战企图等军事情报，为己方制订战术技术对策，采取正确的军事行动创造条件。

· 经典案例

1982 年 6 月爆发的贝卡谷地之战是电子对抗历史上的里程碑。自 1981 年第一个“萨姆”导弹阵地部署在贝卡谷地开始，以色列军队就利用边境的电子侦察系统进行全天候的侦察监视。在空袭前，以军利用“猛犬”无人机引诱叙利亚防空系统启动。紧随其后的“侦察兵”无人机通过电子侦察第一时间确认了叙利亚防空雷达的战时工作参数以及位置，为以军后续高效瘫痪叙利亚防空力量打下了坚实基础，最终取得了贝卡谷地之战的胜利。

干扰和破坏敌方雷达探测系统。雷达探测系统是构成预警监视、防空警戒、目标引导、导弹防御等军事防御体系的关键环节，干扰或摧毁敌方雷达，可造成敌方防御体系失去“眼睛”，从而极大降低敌方防御效能。2014 年 4 月 12 日，美俄在黑海爆发了舰机对峙事件。俄军一架没有挂载武器的“苏 -24”战机，在靠近罗马尼亚的公海海域上，在距离只有 1 000 米的情况下 12 次抵近美国海军“唐纳德·库克”号导弹驱逐舰并进行战斗绕飞，时间长达 90 分钟。美舰载“宙斯盾”防空系统没有做出包括锁定对方飞机在内的任何反应，主要原因是“宙斯盾”雷达受到“苏 -24”飞机的电子干扰。“苏 -24”飞机是俄军改装的电子对抗飞机，装备有“希比内”电子对抗系统，能够实时侦察防空雷达系统并进行高效干扰。

干扰和破坏敌方武器系统。现代武器系统在很大程度上依靠雷达或光电系统来实现高精度瞄准和制导。近年来卫星导航也在精确制导中发挥了巨大作用。对雷达、光电系统以及卫星导航系统实施干扰、欺骗和破坏，将使导弹等精确制导武器失去控制，大大降低其攻击效能。在 1982 年英阿马岛战争中，由于缺少电子干扰装备，阿根廷损失了 1/3 至 1/2 的飞机，而英国空军的飞机由于装备了 AN/ALQ -101 干扰吊舱，则能避开阿根廷的“罗兰特”地对空导弹，仅损失一架“鹞”式飞机。英国在 T -22 型护卫舰、“考文垂”号护卫舰和“海狸”号护卫舰上加装了大功率激光干扰系统，每舰有两台激光器安装在舰桥两侧，在英国与阿根廷马岛之战中取得了较好的作战效果，使阿根廷的“天鹰”A -4B 和 A -4 坠入海中或偏航。在 2014 年的乌克兰危机中，俄军通过对 GPS 的干扰，使乌克兰以及土耳其多架无人机坠毁。俄军还利用“克拉苏哈 -4”、R -330Zh 等最新电子对抗系统对在附近执行侦察监视任务的美国“全球鹰”无人机实施侦察干扰。

干扰和破坏敌方指挥控制通信系统。通过对敌方战术无线电通信、数据链、卫星通信等的干扰和破坏，可造成敌方通信中断、指挥瘫痪、武器系统失控、部队协同混乱等。可以为己方实施突防和攻击提供有力支持，从而掌握战争胜利的主动权。此外，通过干扰敌方数据链，扰乱、攻击、破坏敌方情报信息的有效传输，能将统一的作战体系割裂为互不联通的独立单元，达到降低其联合作战能力的目的。俄军在对克里米亚的行动中展现了通信对抗的效能。俄军通过使用 RB-301B“鲍里索格列布斯克-2”和“海底动物-2M”等通信对抗系统破坏乌军甚高频（very high frequency，VHF）、超高频（ultra high frequency，UHF）和全球移动通信系统（global system for mobile communications，GSM）通信。俄军采用压制干扰和欺骗干扰相结合的措施，不仅能够彻底切断乌军的指挥系统，还能通过向作战人员发送虚假短消息，例如向敌方士兵的手机发送带有集合地点（实际上却是计划射击的地点）指令的短信，瓦解敌方的心理防线。

保障己方电子设备和系统正常工作。通过反电子侦察、反电子干扰、抗反辐射摧毁等各种反对抗措施，保证己方电子设备和系统正常工作。保障可靠的己方通信，保护己方的指挥控制网络不受或少受敌方通信干扰的影响，而且也不受己方指挥控制或行动所产生的无意干扰的影响，从而保证有效地指挥控制部队。在 1999 年的科索沃战争中，南联盟军队积极实施“三反一抗”策略，一定程度削弱了北约的打击效果。南军不断改变雷达和通信系统的频率，抗击北约电子干扰；为保护防空雷达免遭反辐射源导弹打击，灵活采用了雷达接力战术，即远程雷达短时开机，确定有飞机来袭后迅速关机，当判断北约飞机已飞临己方地空导弹射程范围时，导弹制导雷达突然开机，同时发射导弹，尔后迅速转移。这不仅躲避了反辐射导弹的打击，还成功击落美军 F-16、F-117A 等多架先进战机。

可见，电子对抗装备已从作战平台自卫为主的保障手段，发展成攻击敌方指挥控制系统和精确制导武器系统关键性薄弱环节的攻防兼备武器，掌握了制电磁权的一方将有能力控制战争的走向。

1.4 电子对抗的作战应用类型

电子对抗能以多种不同的方式运用于战略威慑、作战支援、武器平台自卫、要地防护、反恐维稳等战略、战役和战术行动中。

战略威慑。一是运用电子侦察卫星等实施全球大范围侦察，对敌方兵力及武器调度和部署行动形成威慑；二是对敌方战场感知网中重要防空体系实施软硬一体的全频段电子攻击，造成敌方“不敢开雷达，不敢用雷达”的心理压力，使敌方防空体系陷入进退两难的境地；三是对敌方指控网进行压制或欺骗，瘫痪敌方指挥能力，影响敌方一线作战力量的士气以及对手指挥员对局势的判断；四是当面临具有空间信息优势的强敌时，对敌方侦察卫星、通信卫星、导航卫星等采用电子干扰手段，破坏敌方空间信息获取与传输优势，可以形成对敌空间信息威慑。

作战支援。在各类战役、战术行动中，通过各种软硬电子进攻手段，瘫痪或削弱敌方预警探测和通信指挥能力，夺取战场制电磁权，支援火力打击等各种作战行动。电子对抗侦察可以提供敌方目标及其他情报信息，支持作战行动的正确决策。电子攻击在破击敌方预警机、防空雷达、数据链、导航识别、武器制导等关键信息节点和要害目标中发挥重要作用，可破击敌方联合作战体系，有效支援大规模联合作战。

武器平台自卫。飞机、军舰甚至卫星等高价值武器平台配备自卫电子对抗装备，在武器平台遭遇导弹等武器攻击时，发出威胁告警，并采取有源或无源电子干扰手段，扰乱和破坏敌方武器跟踪与制导，起到保护自身的作用。自卫电子对抗装备已成为主战武器平台的必备装备，与平台其他装备有机配合，在保障武器平台自身安全和有效作战中发挥不可替代的作用。

要地防护。在阵地、重要设施周围配备雷达干扰、光电干扰等电子对抗装备，致盲侦察卫星、飞机等装备，保护己方阵地不被发现，同时干扰来袭的武器平台、精确制导武器的制导传感器，扰乱武器瞄准和发射，降低敌方火力的攻击精度，保护被掩护目标。电子对抗可应用于重点地域，如重点城市、重大水利设施、机场、港口、导弹阵地、指挥所等的防空反导作战，配合火力防空行动，为重要目标提供有效安全防护。

反恐维稳。恐怖主义、极端主义和民族分裂主义日益猖獗，针对“三股势力”的打击行动已经成为军队重要的非战争军事行动。信息时代，电磁空间也成为恐怖活动的新战场，电子对抗在打击恐怖主义的非战争军事行动中也能发挥重要作用。一是基于电子侦察手段监控恐怖组织的无线通信、卫星电话等通信联络，及时发现重要头目的行踪并引导后续打击行动；二是在清剿恐怖分子行动中利用通信干扰切断其相互联系，支援打击部队顺利开展行动；三是利用专门的反遥控炸弹干扰装备对行动区域进行电磁屏蔽，以应对无线电遥控炸弹带来的巨大威胁；四是利用电子对抗手段应对恐怖分子使用的无人机威胁。

可见，电子对抗手段不仅可用于进攻作战，也可用于防御作战；既可以成系统地用于一个作战任务，又可以融入军舰、飞机、战车等武器平台的装备之中，辅助完成武器平台的作战任务。在信息化战争中，电子对抗可以作为独立的作战力量完成作战行动；也能融入其他各层次作战行动中协调实施，共同完成联合作战任务。

1.5　电子对抗的作战应用案例

电子对抗是战争的先导，并贯穿战争始终。在以往的战争中，战役通常从火力突击开始，而在信息化作战条件下，电子对抗已成为整个战役行动发起的标志。因为首选的打击目标不再是敌方重兵集团和炮兵阵地，而是敌方的指挥控制中心，力求瘫痪敌方探测、指挥和通信等电子信息系统，一举剥夺或削弱敌方的电磁空间控制能力，为夺取作战空间的控制权和实施决定性交战创造条件。电子对抗具有明显的全程性，不是只在某一阶段进行，而是从先期交战开始直到战役战斗结束持续进行。

1.5.1 海湾战争中的电子对抗

1991 年海湾战争是冷战结束以后规模最大、参战国最多的局部战争。在这场战争中，电子对抗作为先导，并贯穿始终，对战争的进程和结局产生了重要影响。以美军为首的多国部队投入大量先进的电子对抗兵器，开展了一场“全空域、全时域、全频域”的电子对抗。电子对抗行动规模之大、时间之长、程度之剧烈，都是前所未有的。多国部队在海湾战争中的胜利可以说就是电子对抗的胜利。美国国防部在其编写的《海湾战争》研究报告中这样评价电子对抗：当某些在“沙漠风暴”行动中曾享有较高声誉的高技术武器近来变得黯然失色的时候，一种军事技术继续受到称颂，这就是电子对抗。

• 经典案例

海湾战争的“沙漠风暴”行动过程充分反映了电子对抗的巨大作用及其与相关行动的协调关系。在“沙漠风暴”开始后，美军首先实施了代号为“白雪行动”的电子对抗行动，持续约 5 小时。其间，动用了 EA－6B、EF－111A、EC－130H、F－4G 等专用电子对抗飞机 160 余架，对伊拉克的战略战役信息系统实施压制性电子干扰和反辐射攻击，使其雷达迷盲、通信中断、指挥瘫痪、协同失调、兵器失控，最终陷入被动挨打的境地。

这次行动可以分为以下四个阶段：

立体电子侦察。知彼知己方能百战不殆。电子对抗也必须及时、准确地掌握敌方的各种情况。为此，美国在海湾地区部署了天（卫星）、空（侦察机）、地（地面侦察站）三层侦察监视系统。不间断地对伊拉克的雷达、通信、导弹制导和飞机控制等电子系统实施全方位、多途径、广泛的侦察和监视，获取了它们的性能参数、部署位置和数量等情报，并将其输入作战飞机的电子对抗数据库，为实施有效的雷达告警、电子干扰和反辐射导弹打击提供可靠的依据。

全程电子干扰。“沙漠风暴”行动开始前的5小时，多国部队对伊拉克的指挥、控制和通信（command，control and communication，C^3）系统实施了大范围的强烈电子干扰。空袭发起前，在空中预警机、空中加油机和F－16战斗机升空之后，美国海军的专用电子对抗飞机EA－6B、空军的专用电子对抗飞机EC－130H和EF－111A等首先出动，分别担负着三种不同距离上的电子干扰任务。EA－6B是亚音速飞机，不能与超音速战斗攻击机编队，因而被指派担任远距支援干扰任务，在离目标区160千米的空域沿田径跑道形航路做盘旋飞行。EF－111A是超音速飞机。其一部分被指派担任近距支援干扰任务，在距目标区48千米的空域飞行；另一部分则与战斗攻击机编队，担任随队护航干扰任务。EC－130H是通信干扰支援飞机，负责远距离干扰敌方指挥与控制系统的无线通信。

火力摧毁雷达。在远距支援干扰飞机、近距支援干扰飞机和护航随队干扰飞机实施全程电子干扰的同时，多国部队反雷达飞机F－4G对伊拉克雷达实施精确定位，并诱导其跟踪飞机，接着发射反辐射导弹，摧毁雷达。当反辐射导弹不能跟踪已关闭的雷达时，即发射“幼畜”导弹，利用关机雷达电源车的红外辐射作为制导信号源，跟踪打击。参加攻击伊方雷达的还有EA－6B、A－6E、B－52G、F/A－18A等海、空军的作战飞机。它们都挂载AGM－88A“哈姆”反辐射导弹。陆军直升机AH－1W也悬挂着AGM－122A反辐射导弹参加了反雷达作战。在“沙漠风暴”行动最初24小时内所出动的约2 000架次飞机中，大部分是专用电子对抗飞机。伊方雷达、通信系统在“软硬兼施”的打击下，防空系统基本处于瘫痪状态。大批载弹攻击机F－117A、F－15E等沿数十条“突防走廊”顺利突入伊方腹地，完成了预定空袭任务。

攻击机自卫式电子对抗。多国部队战斗轰炸机除依靠专用电子对抗飞机采用“软硬兼施”手段打开“突防走廊”，进入空袭目标区以外，它们自身还普遍装有自卫电子对抗系统。这些系统通常包括威胁雷达告警设备、导弹逼近告警设备、敌我识别告警设备等，以及雷达干扰发射机、红外干扰发射机、雷达干扰箔条弹投放器和红外干扰曳光弹。这些自卫式电子对抗系统对付在强攻中隐蔽下来的防空导弹十分有效。

“白雪行动”集中的电子对抗武器之多、设备之全、压制时间之长、压制范围之广都是历次战争所没有的，其直接效果是有效压制和摧毁了敌方的防空预警和火控系统。在战争中，EC－130H通信干扰飞机上的系统能够自动区分出敌方和己方的通信。它们在上级指挥下，使用联合频率分配表，可以有针对性地选择干扰频率，使其不干扰己方部队使用的频率。尽管如此，自扰自毁的事件也屡有发生，如：EC－130H飞机干扰了美军自己的战场心理战广播；“爱国者”导弹击落英国皇家空军“狂风”战机；美国的F－16在被本国的“爱国者”防空导弹雷达锁定时，立刻发射“哈姆”反辐射导弹摧毁了该雷达；等等。

1.5.2 叙利亚冲突中的电子对抗

2015年9月起，俄罗斯对叙利亚境内的“伊斯兰国”极端组织以及反政府武装发动了空袭。在整体军事作战能力拥有非对称优势的情况下，俄罗斯依旧动用了强大的电子对抗作战力量并且再次显示其作为“国之利器”的重要地位。

1.5.2.1 俄军部署电子对抗装备

俄军构建了涵盖陆海空天的立体化电子对抗力量参与对叙利亚的军事行动。

在陆上，通过俄罗斯媒体报道中叙利亚机场视频，可以清楚看到俄军“克拉苏哈－4”地基宽带多功能干扰系统。该系统用于对抗预警机、机载雷达、星载雷达、GPS等，旨在压制美国的“长曲棍球”侦察卫星、机载监视雷达等。同时，俄军在叙利亚西北部海拔最高的地方部署了“鲍里索格列布斯克－2”通信干扰系统。俄军称该系统能截获和干扰几乎所有军用和民用无线电通信。

在海上，俄军“瓦西里·塔季谢夫”号侦察船一直游弋于地中海。其主要任务就是搜集通信情报在内的多种信号情报，并通过卫星链路传输给岸上的指挥部，主要用于从海上为驻叙俄军提供周边北约和以色列的战机、舰船行踪等。

在空中，空袭前，俄军就在叙利亚部署了“伊尔－20M”电子侦察飞机。该飞机安装有先进的电子侦察装备，其主要任务是侦听“伊斯兰国”和反政府武装分子的通信，探测各通信源的位置，确定电子战斗序列，为战斗机分配攻击目标等。不仅可以提供叙利亚境内的详细侦察情况，还能辅助侦察中东地区美军的军事部署和调动。“伊尔－20M”可以将战场上的侦察数据回传至俄军指挥中心进行详细分析。此外，俄罗斯部署在叙利亚的作战飞机“苏－30”基本都装备了有源或无源干扰系统。其中“苏－24”和“苏－34”装备了“希比内”电子对抗系统，该系统在2014年的美俄黑海对峙中瘫痪了美国“唐纳德·库克”号驱逐舰上的“宙斯盾”系统。

在太空，2014年12月发射的“罗特斯－S”是俄军最新一代电子侦察卫星，通过对敌方雷达通信信号的侦察实现对目标定位和识别。

1.5.2.2 电子对抗行动分析

电子侦察作战支持与态势感知。俄军在叙利亚部署的电子对抗装备形成的强大电子侦察监视能力主要服务于两大任务：一是用于对“伊斯兰国”和反政府武装的通信辐射源进行侦察定位，形成电子战斗序列，为战斗机或无人机的空袭提供精确的目标指引。二是为俄罗斯提供在中东地区北约和以色列军队行动的情报，特别是各类高价值侦察攻击平台在周边的整体态势，便于俄军及时作出针对性的部署和反应。

电子进攻行动。一方面，鉴于“伊斯兰国”和反政府武装不具备先进的雷达及雷达制导武器系统，俄罗斯的电子进攻行动基本集中在通信干扰领域。

在整个军事行动中，俄军都将土耳其南部的移动通信网络列为干扰对象，阻止“伊斯兰国”和反政府武装与外界的任何联系。另一方面，由于俄军和叙利亚的所有军事行动也在北约的侦察范围之中，为了保证己方行动的安全和隐蔽性，俄军通过在叙利亚境内部署的电子对抗系统，可以对北约的行动飞机进行有效干扰，对北约卫星进行致盲，也可破坏戈兰高地以军的通信网络和无人机，具有很强的战略威慑作用和作战灵活性。俄军可以通过一定的电子攻击实现反侦察监视，也可避免与北约直接发生武力冲突导致局势失控。

1.6 美军电子对抗

1.6.1 相关概念

从首次用于军事目的，电子对抗至今已走过一百多年的发展历程。美军对于电子对抗的理解也在这个过程中不断强化，并且随着它在战争中地位的不断提高而逐步深化，每次新定义的出现都意味着电子对抗进入了一个新的发展阶段。

1.6.1.1 无线电对抗

20 世纪 30 年代以前，只有无线电通信，那时和敌方无线电通信相斗争的措施称为无线电对抗（radio countermeasures，RCM)，即对敌方无线电通信进行的电子侦察和电子干扰。

20 世纪 30 年代末至 40 年代初，雷达和导航在军事上的重大作用，促使对雷达、导航的电子侦察和电子干扰技术蓬勃发展，于是出现了电子对抗。它既包含了无线电通信对抗，又包含了雷达对抗、导航对抗。

1949 年，美军参谋长联席会议规定用“电子对抗”取代以往的“无线电对抗”，并将电子对抗明确定义为：“电子对抗是电子学在军事应用中的一个重要分支，包括使用电磁辐射来降低或影响敌方电子设备和战术运用的军事效能而采取的行动。”这是有资料记载的最早的电子对抗的定义，它将电子对抗作战行动规范在电磁频谱范围。根据该定义，这一时期的电子对抗主要指电子干扰。

1.6.1.2 电子战

越南战争时期，电子装备有了新的发展，红外、激光和反辐射攻击技术开始应用于战场。这一时期，“电子对抗”已不能完全涵盖电磁频谱的斗争。直至1969年，美军参谋长联席会议首次正式提出了电子战的概念，用“电子战”取代了“电子对抗”，将电子战明确定义为“利用电磁能确定、利用、削弱或阻止敌方使用电磁频谱，同时保障己方利用电磁频谱的军事行动”；并明确电子战由电子对抗措施、电子战支援措施和电子反对抗措施三部分组成。在1984年版《美国军语》中，美国国防部沿用了上述定义。

其中，电子对抗措施是为阻止或削弱敌方有效使用电磁频谱而采取的各种行动，包括电子干扰和电子欺骗；电子战支援措施是对电磁辐射源进行搜索、截获、识别和定位以确定威胁而采取的各种行动，电子战支援措施为部队迅速做出决策提供情报支持；电子反对抗措施是在敌方使用电子战时，仍然保持己方有效使用电磁频谱的各种行动，包括辐射控制、辐射规避、反干扰设计、反干扰操作等。

1990年，美国国防部将电子战的定义修订为“使用电磁能确定、探测、削弱或破坏、摧毁和扰乱等手段阻止敌方使用电磁频谱以及保护己方使用电磁频谱的军事行动”。新定义在阻止敌方使用电磁频谱方面，除了传统的扰乱手段，还增加了破坏和摧毁，即所谓的“硬杀伤”。从这次扩展可以看到，电子战装备已经成为一种攻防兼备的作战武器，是电子战定义的一个重大发展。

经过1991年海湾战争的实践，电子战从作战思想、使用兵器到作战方法都发生了重大变化，此前的电子战概念已不符合现代战争的实际。为此，美军参谋长联席会议在1992年3月召集各联合司令部和专业司令部的电子战专家进行了专题讨论。经过一年的准备，于1993年3月，以参谋长联席会议主席备忘录形式正式确定了新的电子战定义“使用电磁能和定向能控制电磁频谱或攻击敌军的任何军事行动”，并明确了电子战由电子战支援、电子攻击和电子防护三部分组成。该定义的内涵更加丰富，主要体现在：一是将定向能划入电子战范畴；二是将电子战目标从原来的电磁频谱设备扩展到人员、设施和武器装备，作战对象更加广泛。

在此之后，美军不断运用条令将电子战的内涵细化到具体行动，增强对作战的指导性和操作性。其核心内涵与我军电子对抗不完全一致。特别是行动任务更为广泛和具体。例如：在电子攻击方面，细化了对抗措施、电磁欺骗、电磁刺探、电磁入侵、电磁干扰、电磁脉冲、电子战重编程、电磁战斗管理、信标干扰和导航战等；在电子侦察方面，则涵盖了电子情报收集、电子侦察和精确地理定位。

1.6.1.3 电磁战

2019年7月30日，美国空军发布了新的电子对抗条令《电磁战与电磁频谱作战》，代替2014年10月发布的《电子战》。这不仅是美国空军条令的一个重大变化，更是美军电子对抗发展的重要风向标。从电子战到电磁战，内涵更加丰富，范围更广。新条令对电磁战和电磁频谱作战进行了介绍，阐述了机载电磁战、太空电磁战、网络空间电磁战、电磁频谱对抗行动和电磁频谱支持行动，解析了电磁战行动与电磁频谱作战的组织、规划、执行与评估。从美国空军新条令的发布可以看出，美军正在加快构建新的电子对抗作战体系，将从电磁频谱的维度而不仅从电子信息系统（依赖电磁频谱工作的电子系统）的角度来论述电磁空间的战斗。

美军认为，在现代战争中美军的平台、武器系统、杀伤链高度依赖电磁频谱，保持电磁频谱优势是联合部队指挥官获得战略、战役和战术优势必不可少的一环，但是这种依赖性正受到对手越来越多的挑战。因此，保持全面的电磁频谱控制权至关重要。

2020年5月22日，美国国防部发布《联合电磁频谱作战》条令，取代并取消了原《电子战》条令和《联合电磁频谱管理行动》条令。2020年6月，美军发布新版《美国国防部军事及相关术语词典》。“电磁战”替代“电子战”成为美军的正式军语。美军认为，一个作战空间的战斗应采用作战域来命名，如同空中的战斗被称为空战而非战斗机战，海上的战斗被称为海战而非舰船战等，电磁频谱内的战斗也应被称为电磁战，而不是用物化的装备名称来命名。

1.6.2 应用特点

经过多年在越南战争、海湾战争、伊拉克战争、阿富汗战争等中的作战应用以及日常大量演习，美军已经形成了一套完整成熟的电子对抗作战应用模式，其主要特点包括五个方面。

电子侦察先行，为精确打击提供保障。美军视电子侦察情报为实施空中打击或远程精确打击的重要引导情报。战前利用陆海空天体系化多平台多系统的电子侦察情报为先导，实现对敌方的全面侦察监视已经成为美军军事行动的基本模式，也是美军形成单向透明战场、把握决策主动权、赢得战争的重要前提之一。同时，打击任务的毁伤效果评估也很大程度依赖电子侦察装备。美军电子侦察有四个原则：一是诱敌开机，必须采用某些措施如发射诱饵等刺激敌方电子信息系统开机；二是目标一致，电子侦察刺激措施与军事意图协调一致；三是多次印证，信号情报与人力情报以及其他侦察力量相互印证；四是平战一体，电子侦察要兼顾长期分析能力与实时反应能力。

支援式电子干扰护航，支持作战飞机突防和攻击。自海湾战争开始，美军就以电子对抗飞机作为其空中主要突击作战力量，先发制人攻击并压制敌方防空探测体系和指挥控制网络，以保证后续空袭平台和远程精确打击武器的顺利突防。美国空军作战守则明确要求“没有电子对抗飞机护航，战斗机就不飞行”。每场战争空袭前，美军都要动用大量电子对抗飞机实施防区外干扰或者随队支援干扰，通过对敌方防空体系中预警雷达、引导雷达、制导雷达以及战场指挥通信的电子干扰，或者使用反辐射导弹直接摧毁防空系统的方式，保障空袭兵团突防并掩护其顺利返航。以海湾战争为例，美国空军和海军出动的电子对抗飞机分别占各自作战飞机的43.5%和36%。这就是美军追求整体压制的必然结果。

电子对抗装备保驾，极大提升作战平台生存力。美军各种作战平台都配有性能优良的电子对抗自卫装备，包括雷达告警设备、导弹告警系统、有源无源干扰设备等。美军各类作战平台在遂行任务的过程中一般会综合运用上述电子对抗装备，从而有效保护作战飞机、舰船、导弹、车辆以及人员的安全。

电子对抗软硬兼施，形成战场重要威慑力量。美军的电子侦察、电子干扰、反辐射攻击能力相结合，形成对敌强大的威慑能力。美军在整个战争过程中特别强调"集中力量、软硬兼施"，而且是在战争全程中超常规集中使用。其核心目标是让敌人面临"开机找死、关机等死"的绝境。同时，美军还通过强大的电子侦察和电子攻击能力进行威慑，使得敌方在使用雷达和通信等电子信息系统时承受巨大的心理压力，不敢开机成为常态。

注重电子防御，防止自扰互扰影响联合作战行动。美军为防止电子对抗行动对部队的电子信息系统产生干扰，在条令中明确规定了消除电子对抗频率冲突的程序。其核心工作包括：制定、发布并维护更新联合保护频率表，以及开展联合频谱干扰消除活动。联合保护频率表由指挥控制部门进行管理和发布，表中指明不同时间段及各地区需要禁用、保护和监视的网络与频率。联合频谱中心协调和管理联合频谱干扰消除活动。

1.6.3 试验鉴定

美军电子对抗水平一直居于世界前列。在近几场局部战争中，其先进的电子对抗作战理念与实战能力得到了充分的演练和展示。随着信息技术的快速发展和战场环境的日益复杂，电子对抗装备的先进性、复杂性显著增加。这对电子对抗试验提出了越来越高的要求，电子对抗试验在电子对抗装备的发展中发挥的作用也越来越明显。

经过几十年的发展，美国已是当今世界组建电子对抗试验场数量最多、规模最大、综合试验能力最强的国家。在1995之前，美国陆海空三军电子对抗试验场与鉴定机构共有17个。其中主要试验场与鉴定机构有11个，用于承担试验任务；辅助机构有6个，主要承担科研、训练等辅助任务。具体情况见表1－1。

表1－1　美国陆海空三军电子对抗试验场一览表

军种	试验场名称	位置
陆军	“白沙”导弹靶场	新墨西哥州
	“阿伯丁”试验中心	马里兰州
	“瓦丘卡堡”电子靶场	亚利桑那州
	“布利斯堡”作战试验保障局	得克萨斯州
海军	海军空战中心“帕图克森特河”试验场	马里兰州
	海军空战中心“中国湖”试验场	加利福尼亚州
	海军空战中心“穆古角”试验场	加利福尼亚州
	海战中心“卡德罗克”实验室	马里兰州
	海战中心“道尔格林”试验场	弗吉尼亚州
	海军研究实验室	华盛顿特区
空军	空军飞行试验中心“爱德华”空军基地	加利福尼亚州
	空军飞行试验中心“内利斯”综合试验场	内华达州
	空军发展试验中心“埃格林”空军基地	佛罗里达州
	空军发展试验中心“布法罗”试验场	纽约州
	空军发展试验中心“沃斯堡”试验场	得克萨斯州
	空军发展试验中心“霍洛曼”空军基地	新墨西哥州
	航空系统中心“怀特帕特森”空军基地	俄亥俄州

从1996年开始，美国国防部着手调整三军电子对抗试验场与鉴定机构。调整完成后，主要试验场由6个调整为5个，分别是海军空战中心所属的

“中国湖”试验场、“穆古角”试验场、“帕图克森特河”试验场，空军飞行试验中心所属的“爱德华”空军基地，以及陆军的“阿伯丁”试验中心；专用试验场由5个调整为3个，分别是空军发展试验中心所属的“埃格林”空军基地，空军飞行试验中心所属的“内利斯”综合试验场，以及陆军“白沙”导弹靶场。

下面对美军电子对抗试验场、电子对抗试验与鉴定方法以及电子对抗试验未来发展等进行简要介绍。

1.6.3.1 美军电子对抗试验场

1. 美国陆军电子对抗试验场

美国陆军是美国三军中电子对抗发展最缓慢的军种。20世纪80年代中后期，随着“空地一体化”作战理论的提出，美国陆军的电子对抗水平得到了较快发展。其最著名的电子对抗试验场就是位于新墨西哥州的“白沙”导弹靶场及位于亚利桑那州的“瓦丘卡堡”电子靶场。

“白沙”导弹靶场承担陆军绝大多数电子对抗装备的试验任务，曾是美国最大的内陆导弹和火箭试验中心。美国陆军绝大多数光电对抗侦察、干扰设备的试验任务都在“白沙”导弹靶场进行，主要采用模拟试验、缆车试验和飞行试验相结合的方法。

“瓦丘卡堡”电子靶场负责对陆军的雷达对抗装备、通信对抗装备和部分光电对抗装备及其他军用电子装备进行试验。它曾被列入美国国防部的重点靶场与试验设施基地，也曾是世界上综合试验能力最强的陆军电子对抗试验场之一，为陆军军用电子对抗装备的发展发挥了重要的作用。自1995年合并到“白沙”导弹靶场后，它已经成为“白沙”导弹靶场的一个重要组成部分。其主要任务不变，采用数字仿真试验、半实物模拟试验和外场地面飞行试验有机结合的综合试验方法。

2. 美国海军电子对抗试验场

目前，美国海军电子对抗试验场主要是位于加利福尼亚州的“中国湖”

试验场、“穆古角”试验场，以及位于马里兰州的“帕图克森特河”试验场。

“中国湖”试验场隶属海军空战中心武器分部，是美国海军电子对抗装备的主要作战试验靶场，组建于1967年，主要进行飞行试验和地面试验。以往其试验重点是模拟来自苏联的威胁，当前配置了美国海军在未来作战中可能遇到的“友方”威胁系统。该试验场拥有4 000平方千米地面场区和3 000平方千米空域，拥有武器实射试验区、雷达截面积测量场区、2个海上电子对抗威胁模拟试验场区和2个地面电子对抗威胁模拟试验场区。海上试验场区模拟水面舰艇威胁环境，在军舰上配备了监视和跟踪雷达及雷达辐射模拟设备，其中第一海上试验场区配备了5个海上电子威胁模拟设备；地面试验场区模拟地对空威胁环境。目前，该靶场具有灵活通用的指挥控制中心和15个威胁站，模拟的威胁包括截获系统、地对空导弹系统和防空高炮系统等，涉及射频、红外光电和毫米波波段，还配备了威胁模拟器、电磁环境监视设备、监视与跟踪测量设备等。

· 经典案例

科索沃战争前，美军利用“中国湖”试验场对即将前往参战的电子对抗作战人员进行应急训练，并通过试验拟定电子对抗作战方案，对确保美军在科索沃战争中实施高效的电子对抗发挥了重要作用。

“穆古角”试验场隶属于海军航空系统司令部，是海军最大的试验和鉴定中心，自1946年以来一直为海军研究与试验导弹和电子对抗系统。该中心下设有电子对抗管理局，该局的主要任务是为海军进行各种电子对抗系统的模拟、试验、综合运用和鉴定，曾为海军机载雷达电子对抗、光电电子对抗试验与鉴定发挥重要作用。

“帕图克森特河”试验场是海军电子对抗装备的试验与鉴定的重点靶场，主要负责海军电子对抗装备的试验，包括室内试验设施和室外试验设施两部分。室内试验设施主要是空战环境评估设施及其附属实验室，其电子对抗综合实验室配备了先进战术电子对抗环境模拟器，可模拟 1 000 余部雷达威胁，脉冲密度达到 400 万个/秒，还可用激光和紫外模拟器提供一定的光电试验环境。室外试验设施包括近 200 架海军各种类型飞机的实物和模型。其威胁环境生成设备能在 2 ~ 18 吉赫兹频率范围内同时生成 100 多个射频威胁信号，在 2 兆赫兹 ~1 吉赫兹频率范围内生成数十个通信威胁信号。

3. 美国空军电子对抗试验场

美国空军电子对抗水平在美三军中处于领先地位。其主要的电子对抗试验场有位于佛罗里达州的“埃格林”空军基地、位于加利福尼亚州的“爱德华”空军基地和内华达州的“内利斯”综合试验场。

“埃格林”空军基地是美国空军最大的武器试验与研究基地，是空军研制试验中心，其第 3246 试验联队负责空军电子对抗的研制试验任务，共有 22 个试验站。该试验联队最为重要的电子对抗试验设施是电子对抗室内试验设施和电磁试验环境设施。

“爱德华”空军基地是美国空军的飞机试验中心，也是美国空军进行电子对抗系统研制试验的重要场所。该基地还有世界上最大的电子对抗试验暗室，其电磁威胁生成设备能同时产生 256 个雷达信号。

“内利斯”综合试验场是美国空军“绿旗”电子对抗演习的场所，也是空军电子对抗装备的作战试验靶场。该基地于 20 世纪 70 年代末期就配置了 27 个威胁模拟设备，大部分模拟设备都是苏联真实装备的模拟品，20 世纪 80 年代增加到了 108 个威胁模拟设备，主要是各型导弹的引导或制导雷达、各种防空高炮引导雷达和干扰机等。

1.6.3.2 美军电子对抗试验与鉴定内容

美军拥有世界规模最大、最完备、技术领先的电子对抗试验与鉴定系统，在电子对抗试验与鉴定技术理论研究与应用方面处于世界领先地位。早在 1994 年，美国国防部就颁布了规范电子对抗试验与鉴定过程的条令，并于

1996 年发布了这个条令的修订版。

1. 电子对抗试验与鉴定目的

从广义上讲，电子对抗试验与鉴定可以包括电子对抗系统或分系统的研究、开发、生产和使用期间的所有物理试验、建模、仿真、作战试验与相关的分析。

美军对“试验”和“试验与鉴定”作了如下定义：试验是为获取、核实和提供数据而采取的所有步骤或行动，目的是对研究与发展的水平、实现研制目标的进展、武器（系统、分系统、部件和装备）项目的性能与作战能力进行评定；试验与鉴定是通过试验，按照既定要求和规范，对武器系统或部件进行分析比较的过程，其结果是对设计进展、性能、可保障性等做出的鉴定。

因此，电子对抗试验与鉴定的目的是通过试验获取被试系统的有关信息，对被试系统的技术性能和作战效能做出评价。从管理和作战角度综合来看，美军电子对抗试验与鉴定的最终目的是判明电子对抗系统在不同应用中面临的各种风险。

2. 电子对抗试验与鉴定分类

美军将电子对抗试验与鉴定分为研制试验与鉴定和作战试验与鉴定两类。

研制试验与鉴定是指对系统的工程分析，获得技术性能指标以保证其满足设计要求，达到研制目标。一般只进行单个样机系统对单个威胁系统的试验，至多为一对几的试验环境，其结果不能体现系统在作战环境中所起的作用。

作战试验与鉴定是在接近实战的环境下进行试验，鉴定作战效能和适应性目标，评估系统的军事效用。其目的是检验系统在作战环境中能否满足任务需求，即电子对抗系统的效能。其试验环境是模拟构造的综合战场，其难点是构造虚拟的综合战场环境。

3. 电子对抗试验与鉴定方法

美军将电子对抗系统试验与鉴定方法分为建模与仿真、静态测试、注入式仿真试验、半实物仿真、装机系统试验、外场试验 6 类。

建模与仿真。数字模型和计算机仿真贯穿从产品研制到装备部队的全过程。这些模型和仿真结果可以用于进行成本和作战效能分析、商业研究、试验计划和试验后分析及试验鉴定。建模与仿真不能代替外场试验，但可以把作战鉴定与评估扩展到在外场不可能获得作战真实性的那些领域，以此来支持外场试验。

静态测试。在静态条件下完成对电子对抗系统主要技术性能指标的测试，可以提前发现问题，为动态试验提供一定的参考。

注入式仿真试验。由于不能考察天线的特性，该试验方法一般适用于特定条件下的系统，主要采取射频信号注入的方式对电子对抗装备进行性能考核。

半实物仿真。半实物仿真试验是在整个系统建立之前，或者在某项特殊性能无法被试验的情况下，利用被试系统的组件和软件的组合来鉴定这些组件的性能。利用半实物仿真试验可对电子对抗系统的效果进行重复测量和确认。

装机系统试验。装机系统试验主要鉴定安装在主平台并与主平台集成在一起的被试系统，提供有关集成系统的性能、兼容性和相互操作的重要信息。装机系统试验设施提供在外场试验环境下不可行或无法提供的高威胁密度环境和安全信号生成能力，以试验被试系统能否满足战技指标和任务性能需求。

外场试验。外场试验是指所有在户外进行的试验，包括在地面、海下、空中和太空进行的试验。外场试验比室内试验更真实，外场条件更接近于战场条件，外场是电子对抗装备研制过程的最终“试验场”。外场试验能够真实反映不同因素对系统效能的影响，如大气衰减与大气波导、气象条件、机组人员的相互作用、载机上的系统间和与其他飞机或资源之间的相互作用、地形对射频传播的影响、天线实际方向图和增益等，这些因素在其他试验方法中很难实现。通过外场环境鉴定电子对抗系统，其结果具有极高的可信度，但同样存在缺点。一方面，因为靶场以及测量设备和安全、保密条件等限制，它不可能试验武器各方面的能力。另一方面，试验过程复现困难，时间周期长，经费昂贵。

1.6.3.3 美军电子对抗试验场未来发展

首先，电子对抗试验场在职能上将向试验、训练和战术研究一体化方向发展。美军认为，在建立高素质部队和形成高技术武器优势方面，电子对抗试验场将发挥极其重要的作用。

然后，电子对抗试验场必须朝能够支持综合电子对抗系统试验的方向发展。电子对抗要应对不断变化的威胁，不仅要从侦察、测向、干扰和战术方面向综合化方向发展，还要从频谱的利用上向综合一体化方向发展。综合化、自动化、多频谱的综合电子对抗系统已经成为电子对抗装备最主要的发展方向，这也对电子对抗试验场提出了重大技术挑战。

最后，电子对抗试验场向武器与电子对抗系统一体化试验方向发展。武器和电子对抗系统的相互依赖、相互交叉和日益综合化，促使电子对抗试验场试验与武器靶场试验向综合一体化方向发展。现代武器系统的电子化，对武器系统的抗电磁干扰性能提出了更高的要求，如导弹武器系统的抗干扰能力需要在电子对抗干扰环境下进行检验。并且现代电子对抗向软、硬一体化方向发展，如对敌防空压制的反辐射导弹武器系统是一种既包括先进的辐射源瞄准系统又包括硬杀伤武器的系统。美国、俄罗斯等国的多数重点电子对抗试验场一般都设立在空军或海军武器试验中心，其专用电子对抗试验场也设有武器射击或轰炸场区。

1.6.4 训练演习

电子对抗是一种既有高技术性又有高战术性的作战方式。为了形成战斗力，只有先进的电子对抗装备显然是不够的，还必须进行科学的电子对抗训练和演习。

1.6.4.1 美军海外电子对抗训练场

除了上述介绍的陆海空三军电子对抗试验场可以同时用作电子对抗训练场，美国还在亚洲、欧洲地区建立了海外电子对抗训练场。

1. 亚洲地区的电子对抗训练场

克拉克海外空军基地位于菲律宾首都马尼拉以北约 100 千米，占地约 105 平方千米，与附近的苏比克湾海军基地一起，被认为是美军在东南亚最大的军事基地。该基地辖有一个“乌鸦谷”靶场，该靶场设有“萨姆”系列导弹和防空高炮，能模拟敌方搜索雷达、跟踪雷达和机动电子对抗车辆发出的电磁信号，用于航空兵部队进行通信干扰、防空雷达搜索与跟踪、防空火力、空中交战、综合攻击、反辐射导弹攻击、规避防空导弹等电子对抗演练。美军已于 1991 年撤离该基地，将控制权交还菲律宾。

乌山海外空军基地位于韩国水原以南，是美国空军在韩国规模最大、设备最完善的空军基地。该基地以西 16 千米处有一个训练靶场，配有多套电子对抗训练模拟设备，能模仿敌方防空电子设备的电磁发射，供美国空军战术战斗机进行电子对抗训练。

2. 欧洲地区的波利冈电子对抗靶场

波利冈电子对抗靶场，又称多国机组人员电子对抗训练设施，位于法国与德国交界处，于 1979 年由美国、法国和联邦德国三个国家共同批准兴建，主要用于盟国空军进行电子对抗训练和演习。建设该靶场的主要目的包括三个方面：针对地对空武器系统，试验和验证战法；评估和鉴定机载对抗装备；提高机组人员在密集电子对抗环境下的作战技能。该靶场的训练口号是“在训练中作战，在作战中训练”。

该靶场占地 2 万平方千米，由北至南横跨德国和法国边界。靶场采用两级指挥机构：第一级是指导委员会，由三个签约国的空军参谋长指定的代表组成。该委员会每年召开两次会议，主要确定有关靶场使用方针和技术发展方向等事宜。第二级是靶场主任。由三个国家派往靶场的空军中校级的军官轮流担任。其任务是贯彻落实指导委员会的指示，监控靶场的运营情况，在作战方面兼任这支多国部队的指挥员。

为构建逼真的电子对抗环境，该靶场一方面装备了大量的模拟器，包括各类固定模拟器、机动模拟器、半机动战术雷达威胁发生器、迷你型多威胁辐射源系统，以及安装在敞篷车上的战术雷达威胁发生器等，能模拟类似实战的各类复杂电磁环境。另一方面，还配备了大量实装系统，如俄制“萨姆”系列（SA－6/8/13等）地对空导弹系统、ZSU－23/4四联火炮以及SPN30和SPN40雷达干扰机等，以及美制“鹰”式导弹系统等。该靶场各类威胁模拟器所用情报数据库都是通过各种途径获取的敌方或第三方真实辐射源参数，针对性非常强。创建当今对抗所需的最逼真的威胁环境一直是该靶场追求的目标。

该靶场训练内容涵盖了电子对抗的各个方面：战斗机自卫、对敌防空压制、信号情报搜集等。1991年海湾战争开始前，美国空军那些即将参加“沙漠盾牌”“沙漠风暴”作战行动的电子对抗系统在该靶场进行了为期30多天的电子对抗训练。1999年参加科索沃战争前，美国、意大利和法国等国家的电子对抗飞机都到该靶场进行过训练，目的就是提高在复杂电磁环境下的作战和生存能力。

该靶场为北约空军追求的作战“零伤亡”和“零损失”作出了突出贡献。在1999年春天的“盟军行动”中，塞尔维亚的防空系统发射了800多枚地对空导弹（包括266枚SA－6、174枚SA－3、106枚SA－7/14），盟军在23 584次进攻任务中只损失了2架作战飞机。这出色战绩的取得归功于电子对抗系统的广泛、科学运用，而电子对抗训练功不可没。

1.6.4.2 美军电子对抗演习

具有近似实战、综合性强等特点的军事演习目前已经成为各国军队进行电子对抗训练和演练的一种重要手段。尤其是以美国为首的北约各国军队不仅在各类演习中增加了电子对抗科目，加大了电子对抗训练和演练的比重，还纷纷举行专门的电子对抗演习。这些演习主要包括“绿旗”演习、“弯弓试验”演习、“大棒试验”演习、“撒克逊盾牌”演习以及“铁锤试验”演习等。

“绿旗”演习。1980 年，美国空军战术空战中心奉命为“红旗”演习开发设计由现役飞机、导弹参加的电子对抗演习。经过精心准备，美国空军及其盟国空军于 1981 年在美国内华达州“内利斯”空军基地内华达试验训练靶场首次进行了“绿旗”演习，拉开了世界最大规模电子对抗演习的序幕。从那时起，“绿旗”演习成为例行电子对抗演习，每年举行 2 ~ 4 次，每次 2 ~ 6 周。“绿旗”演习的主要任务是训练飞行员在空中、地面和电子对抗威胁环境下遂行作战任务的能力。美军在越南战争中获得的最大经验教训就是，如果飞行员能够在前 7 个架次的作战飞行中生存下来，那么他们在整个战争中的生存能力就会极大地提高。所以，“绿旗”演习主要是试图帮助飞行员在模拟实战环境下顺利通过“前 7 次”飞行任务。2000 年以后美国空军将“绿旗”演习的内容和科目都纳入“红旗”演习。

“弯弓试验”“大棒试验”演习。主要针对红外威胁的北约“弯弓试验”演习从 1983 年开始定期举行。演习的主要目的是通过大量部署地空导弹，创造一个真实的红外环境，在这样的环境下研究、开发和测试红外对抗技术和战术。由于肩射红外导弹的大量扩散，针对红外威胁实施保护对北约国家而言非常重要。与“弯弓试验”演习相仿，“大棒试验”演习主要针对射频威胁，与“弯弓试验”演习隔年交替进行，由美国、英国、法国、意大利等国轮流承办。

“撒克逊盾牌”演习。“撒克逊盾牌”演习为例行演习，每年举行 1 次。演习目的是制订和演练对敌防空压制的作战战术和程序。演习的机载部分在英国诺森伯兰郡的斯佩德亚当电子对抗训练靶场进行。该靶场是欧洲仅有的 2 个电子对抗战术靶场之一。靶场覆盖约 390 平方千米的陆地，包括从地面到地面上方 5 000 多米的空域，配备用于模拟电子对抗威胁的陆基装备。靶场在演习期间被指定为“敌对空域”，负责提供各种逼真的威胁环境，用于对飞机和机组人员进行作战技能训练，如对敌防空压制和打击时敏目标等。

“铁锤试验”演习。从2005年开始，北约国家开始进行“铁锤试验”系列演习，目的是检验电子情报搜集以及情报互联互通能力。“铁锤试验2005”电子情报演习于2005年4月在德国和法国边境地区进行，历时3周。包括美、英、法等16个北约国家和8个北约机构的450人、25架飞机和20套地面系统参加了此次演习。“铁锤试验2005”演习是北约首次对电子情报互联互通能力进行演示验证的演习，尤其是验证对敌防空压制作战中的电子情报支援能力。“铁锤试验2005”演习分为两个阶段进行：战场情报准备和对敌防空压制电子情报支援。演习对北约各国打击时敏目标的信息互通能力进行了验证，这些时敏目标通常采用猝发信号、低输出功率和低截获概率技术等对抗措施来规避探测。

第2章 电子对抗侦察

知彼知己，百战不殆；不知彼而知己，一胜一负；不知彼，不知己，每战必殆。

——孙武

由于各种电子信息系统覆盖的频率范围很宽，离开了电子对抗侦察，就很难实施精准及时的电子进攻和电子防御。人们谈电子对抗往往集中在电子进攻的作用上，容易忽视电子对抗侦察。而实际上，从美俄等军事强国的实际作战运用上看，在各类电子对抗行动中，电子对抗侦察所占的比例是非常高的。本章重点阐述电子对抗侦察的概念、任务与技术以及典型装备与应用。

2.1 电子对抗侦察概念

电子对抗侦察是获取战略、战役电磁情报和战斗情报的重要手段，是实施电子进攻和电子防御的基础和前提，能为指挥员提供战场电磁态势分析所需的情报支援，也称电子侦察。图2-1为以卫星侦察为例的电子对抗侦察示意图。根据遂行任务类型的不同，又分为电子对抗情报侦察与电子对抗支援侦察。电子对抗情报侦察以获取电子目标的战术技术特性，进而得到战略情报和电子装备的技术情报为主要目的。其重点是用于补充更新电子目标情报数据库，既可应用于战争时期，也可应用于和平时期。电子对抗支援侦察需满足直接支持作战的需求，实时搜索、截获、识别和定位电磁辐射源，为作战决策和实施战术行动（如规避威胁、目标定位和武器制导等）服务。

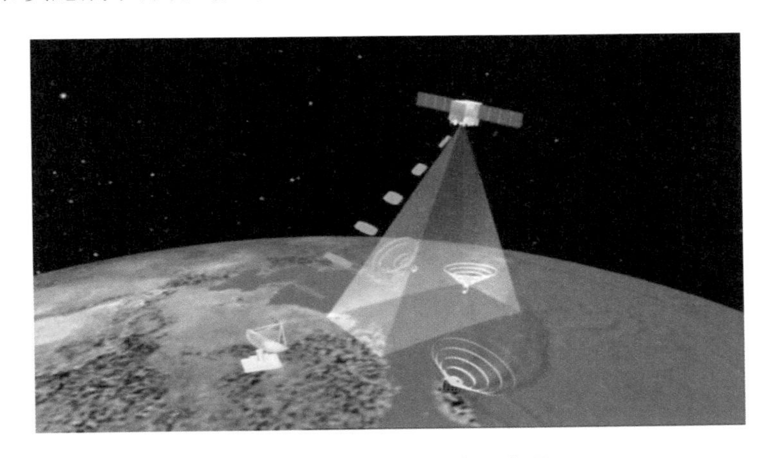

图2－1　电子对抗侦察示意图

· 名词解释

– 电子对抗侦察 –

电子对抗侦察是指对电磁（水声）信号进行搜索、截获、测量、分析、识别，以获取敌方电子信息系统和电子设备的技术参数、功能、类型、位置、用途以及相关武器和平台类别等情报信息的各种战术技术措施和行动。

2.1.1　基本任务

电子对抗侦察具有侦察隐蔽、对目标识别能力强、与雷达探测相比侦察距离远等特点，因而可以在联合作战行动中发挥重要作用，主要体现在以下几个方面：

获取电子情报。通过长期电子对抗侦察的情报积累，可形成电子目标的参数数据库和电子战斗序列。在战前实施电子对抗侦察，可掌握敌方可能参与各作战行动的电子目标及其参数和部署。这些是作战行动中快速、准确和有效实施电子干扰和反辐射攻击的必要条件。

支持电子进攻和火力打击。通过电子对抗侦察获得敌方电子信息装备的信号参数和位置信息，可引导电子干扰等装备实施有效的电子进攻。同时，精确的电子目标参数可形成目标指示信息，用于引导精确打击系统，对战场上辐射电磁信号的重要电子目标实施快速的摧毁。现代武器系统，例如新一代战斗机，还将电子对抗侦察和火控系统紧密结合，形成新型的综合火控能力，降低对雷达的依赖。

预警监视。通过对战场雷达、通信等各类辐射源活动情况的监视，能够掌握战场的态势，了解敌方军队的调动、部署及战略意图。利用雷达对抗侦察的距离优势特点，采用无源定位技术可提供大范围的隐蔽监视和早期预警能力，与雷达系统结合形成综合预警优势。

目标识别。电子对抗侦察利用辐射源识别技术能够辨别雷达、通信发信机、敌我识别器等军用辐射源的型号，进一步识别携载辐射源的武器平台的类型、型号甚至身份，并判断目标的工作状态和威胁程度，得出战场电磁态势，判断其作战意图。通过通信网台识别以及通信流量、网台稠密度等分析，能够判断军事指挥中心的位置和规模，获得部队部署等丰富的作战态势。

威胁告警。通过捕获威胁武器平台的制导雷达、光电等信号，及时提供告警信息，是武器平台自卫防护的重要手段。告警信息一方面被用来紧急提示武器平台的操控人员，以采取相应的规避行动或对抗措施，保护自身的安全；另一方面则被用于自动引导电子干扰设备，实施自卫干扰。

干扰与打击效果评估。通过监视在电子干扰期间或火力打击后敌方通信、雷达等设备的活动情况，评估电子干扰和打击的效果。

电磁环境监测。电子对抗侦察可在关心的频段内获得雷达、通信、数据链、敌我识别等多种电磁信号的频率、强度、方向甚至位置等信息，可以提供电磁环境监测的能力。

支持联合情报获取。目前虽然具有多种技术先进的侦察手段，但在复杂的战场环境下，单靠哪一项都很难完成重要的情报保障任务，必须建立联合情报支援体系，将不同区域、不同特性的电子对抗侦察手段相结合，将电子对抗情报与其他情报相综合，以满足联合作战对情报的需求，得到比任何单一情报更丰富、更准确、更有意义的情报信息。

2.1.2 主要分类

根据专业手段不同，电子对抗侦察一般分为雷达对抗侦察、通信对抗侦察和光电对抗侦察。

2.1.2.1 雷达对抗侦察

· 名词解释

– 雷达对抗侦察 –

雷达对抗侦察是指对敌方雷达信号进行搜索、截获、测量、分析、识别以及对敌方雷达进行测向、定位，以获取其技术参数、功能、类型、位置及用途等情报的一种电子对抗侦察。主要包括雷达对抗情报侦察和雷达对抗支援侦察。

雷达对抗情报侦察是对敌方雷达实施长期或定期的侦察监视，精确测量和分析敌方雷达信号特征参数，以提供敌方全面的雷达技术参数情报。其重点是补充更新雷达目标情报数据库，既可应用于战争时期，也可应用于和平时期。

雷达对抗支援侦察主要用于战时对敌方雷达进行侦察，通过截获、测量和识别，判定敌方雷达的型号和威胁等级，直接为作战指挥、雷达干扰、反辐射攻击、火力摧毁威胁告警和机动规避等提供实时情报支援。

雷达对抗侦察所获取的情报既是国家军事情报和技术情报的主要来源，也是制订雷达对抗作战计划、研究雷达对抗战术技术决策、发展雷达对抗装备的依据，同时还是组织实施威胁告警、雷达干扰、反辐射攻击以及其他战术行动的前提条件和保障措施。

无论是雷达对抗情报侦察还是雷达对抗支援侦察，主要任务都包括对敌方雷达信号的截获、参数测量、测向、分选、识别和定位等内容。

2.1.2.2 通信对抗侦察

· 名词解释

– 通信对抗侦察 –

通信对抗侦察是对敌方通信信号进行搜索、截获、测量、分析、识别、监视以及对敌方通信设备进行测向、定位，以获取其技术参数、功能、类型、位置、用途等情报的一种电子对抗侦察。

通信对抗侦察旨在为实施通信电子进攻和通信电子防御提供依据，包括通信对抗情报侦察和通信对抗支援侦察。

通信对抗情报侦察是长期监测、搜索、截获敌方通信信号，经分析和处理，确定敌方通信设备技术特征参数、功能、位置，判别其类型、编配属性及变化规律等，为对敌斗争和通信对抗决策提供情报的通信对抗侦察。

通信对抗支援侦察是作战准备和作战过程中，搜索、截获敌方通信信号，并经实时分析，确定敌方通信设备技术特征参数、方向（或位置），判别通信台站的编配属性和威胁程度，为实施通信干扰或摧毁提供情报的通信对抗侦察。

通信对抗侦察的主要任务包括对敌方通信信号的截获、参数分析、识别与定位等。此外，与雷达对抗侦察不同，由于通信信号携带敌方传递的信息，有些任务还需要完成对通信信号的解调监听或信息恢复。

2.1.2.3 光电对抗侦察

· 名词解释

– 光电对抗侦察 –

光电对抗侦察是指对敌方辐射或散射的光谱信号进行搜索、截获、测量、分析、识别以及对敌方光电设备进行测向、定位，以获取其技术参数、功能、类型、位置、用途，并判明威胁程度等情报的一种电子对抗侦察。

光电对抗侦察是指在作战准备和作战过程中，搜索、截获敌方光电辐射和散射信号，并实时分析、确定敌方光电设备的技术特征参数、功能、方向(位置)，判别相关武器平台及威胁程度等，为实施光电干扰和战术机动、规避等提供情报的侦察。光电对抗侦察由于对应的频段高、波束窄，主要应用于武器平台威胁告警、规避等任务，通常不纳入“人在回路”的情报侦察范畴。

根据威胁源的光波类型不同，光电对抗侦察可以分为激光侦察、红外侦察以及紫外侦察三类。

激光侦察技术是光电对抗作战的重要技术之一，通过探测、截获敌方激光测距机和激光制导类武器中的激光威胁源在大气中的辐射、散射，分析接收到的信号，判断识别其波长、周期、编码、威胁等级等特征，确定威胁源的类型和方位，并发出告警和威胁信息的一种技术。

红外侦察告警和紫外侦察告警主要探测目标的红外和紫外辐射，如不仅导弹或飞机的尾焰中存在很强的红外辐射，而且导弹的羽烟中存在紫外辐射。

同时，为了从技术上提高告警系统的告警可靠性，可和雷达告警复合在一起，构成复合侦察告警装置。

2.1.3 电磁环境特点

电子对抗侦察的对象是雷达、通信等电子信息系统发射出的电磁波信号以及光电设备的光辐射等。因此，了解战场上可能遇到的电磁信号环境，是设计电子对抗侦察系统的前提。随着信息技术的发展，各种电子信息系统的使用日益广泛，形成时域高度密集、频谱严重混叠、空间相互交错、能量动态变化的复杂电磁环境。电子对抗侦察面临的环境特点可以概括为密集性、复杂性和多变性。

2.1.3.1 密集性

第一，在现代战场上，为完成发现目标、实施打击和联络通信等任务，从单兵、战车、舰船、飞机到导弹、卫星，都装备了一定数量的雷达、通信、导航、敌我识别等电子信息系统。这使参与作战的辐射源数目越来越多，特别是在各类指挥部、防空武器系统、大型舰船、飞机等平台上，集中了大量的辐射源。因此，信号环境的密集性首先反映在辐射源的数目上。以雷达辐射源为例，早在冷战期间，1 000 平方千米的范围内，各种雷达的数目超过 120 部。从而导致进入雷达对抗侦察系统的脉冲密度高达 100 万个/秒。因此，现代先进的电子对抗侦察系统需要具有同时应对 100 部甚至更多雷达的通信系统的能力。

第二，参数相近甚至相同的雷达、通信等辐射源在陆海空战场大量部署和应用，导致工作参数、工作模式甚至辐射源指纹特征等差异性日益缩小，大幅提升了电子侦察识别的难度。例如，美国主要通信卫星可以服务几千个终端。大量舰载、机载雷达都采用有源电扫相控阵技术，其射频、脉宽、重频等统计参数完全交叠，大幅降低了目标识别的准确度。因此，现代电子对抗侦察系统需要大幅提高对目标的精确识别能力。

2.1.3.2 复杂性

信号环境的复杂性主要表现在电子对抗侦察设备截获的信号往往是多个雷达信号或者通信信号相互重叠的情况。

以雷达对抗侦察为例，图 2-2 给出了多部雷达脉冲在时间上交叠的例子。假设有三部雷达照射侦察接收机，且每一部雷达的脉冲序列都是有规律的。但是，当三部雷达的脉冲各自按时间顺序到达侦察接收机时，接收到的脉冲看起来杂乱无章地排列在一起，不可能从时间顺序上直接把某一部雷达的脉冲挑选出来。

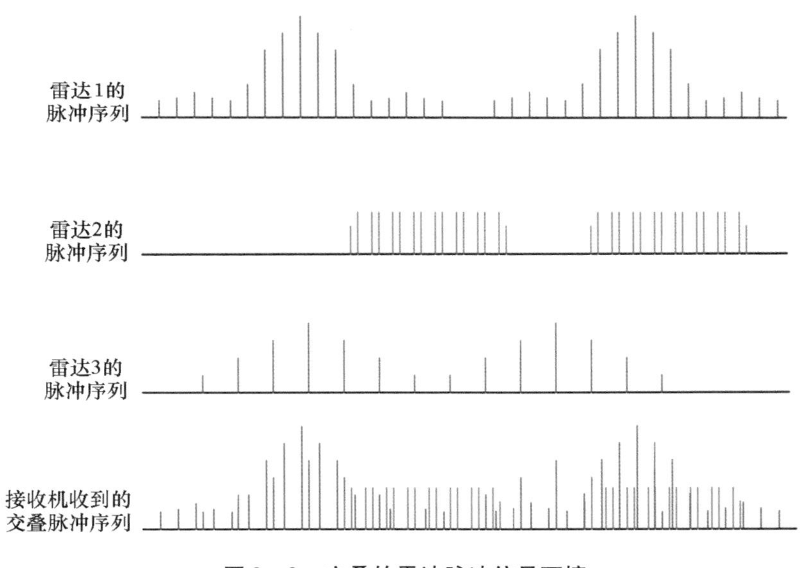

图 2-2　交叠的雷达脉冲信号环境

同样，在通信侦察过程中，面临时频混叠多信号的概率大大增加。例如，在无线通信网络中，遵循 IEEE 802.11 的无线局域网信号和蓝牙信号同时工作在 2.4 吉赫兹频段；美国的 GPS 系统与欧洲的 Galileo 系统在 1 176 兆赫兹和 1 575 兆赫兹两个频点上均存在信号。

综上，由于接收机波束宽、带宽覆盖范围广，截获的多个信号往往在时域、频域甚至空域都是相互交叠的，如图 2-3 所示。因此，为了精确分析识别每个辐射源目标，电子对抗侦察系统首先必须将每个信号从复杂环境中分离出来。

图 2-3 侦察面临的信号混叠场景

2.1.3.3 多变性

第一，为了应对日益复杂多变的环境，新一代电子信息系统采用了大量复杂体制信号。例如，为了保证雷达探测性能以及反侦察反干扰需求，现代雷达大都采用频率捷变或跳频等不同形式，其中频率捷变信号的射频可以随机跳变，每个脉冲都不一样。雷达的脉冲重复间隔也是可以变化的，例如重频抖动、重频参差等。为了提高恶劣环境下的通信能力，以直接序列扩频、跳频为代表的抗干扰通信被大量应用，以正交频分复用（orthogonal frequency division multiplexing，OFDM）为代表的抗多径体制在短波通信中被大量采用。上述体制信号的样式和参数空间复杂，从体制识别到完整参数分析的难度大。

第二，军用电子信息系统有不止一套工作参数，这些参数可能根据作战的需要而更换。有些保密的作战参数在平时是不被使用的，这能使对手无法从平时的侦察情报中获得。

第三，随着软件可重构技术和人工智能技术的高速发展，不同辐射源信号的波形、参数、模式等可以根据环境、需求进行软件定义并实时加载发射，这就导致新一代电子信息系统信号特性更加灵活多变。换而言之，现代辐射源从理论上讲可以具有无限可能的信号特征，电子对抗侦察系统面临的新参数、新模式、新目标情况的概率将大大增加。

随着电子信息技术的发展和双方对抗激烈程度的加剧，信号环境的密集、复杂和多变特性将越来越突出，这给侦察系统完成任务增加了极大的难度。

2.2 电子对抗侦察任务与技术

电子对抗侦察通过截获辐射源的无线电信号或者光信号，完成目标信号分析、识别以及定位等任务。核心技术包括接收机设计技术、信号分选分离技术、信号参数分析技术、辐射源识别技术、无源定位技术等。

2.2.1 信号截获

信号截获指的是利用电子侦察接收系统对目标辐射源信号进行接收和检测。对辐射源信号的截获是电子对抗侦察的第一步，是后续信号分析、定位与识别的基础。要实现截获，必须满足侦察接收系统在时域、频域、空域上同时“对准”辐射源信号，并在功率域具备足够的灵敏度。所谓时域对准，指的是辐射源在辐射信号的时间内，侦察接收系统处于工作状态；所谓频域对准，指的是辐射源信号频谱在侦察接收机瞬时带宽内；所谓空域对准，指的是侦察天线的半功率波束宽度指向辐射源，辐射源发射天线的半功率波束宽度指向侦察接收机；所谓足够的灵敏度，指的是辐射源信号到达侦察天线的信号强度大于侦察接收机可以接收的最低信号强度。

截获辐射源信号主要依靠电子侦察接收系统，其主要由天线和接收机两部分组成。天线是侦察系统接收辐射源信号的最前端，将电磁波转换为电信号提供给后续信息处理环节。

本书重点介绍雷达通信等电子侦察接收机。目前，运用最广泛的接收机包括搜索超外差接收机、信道化接收机、数字接收机等。其中，传统意义上的搜索超外差接收机和信道化接收机是模拟接收机，采用晶体视频检波器来检测信号；数字接收机基于模数转换和数字信号处理来完成信号接收与分析。

2.2.1.1 搜索超外差接收机

信号在射频频率上不易进行滤波和放大，而在中频上却容易实现。搜索超外差接收机先将接收到的射频信号转换成中频信号，然后在中频对信号进行放大和滤波。搜索超外差接收机的基本组成如图 2－4 所示。

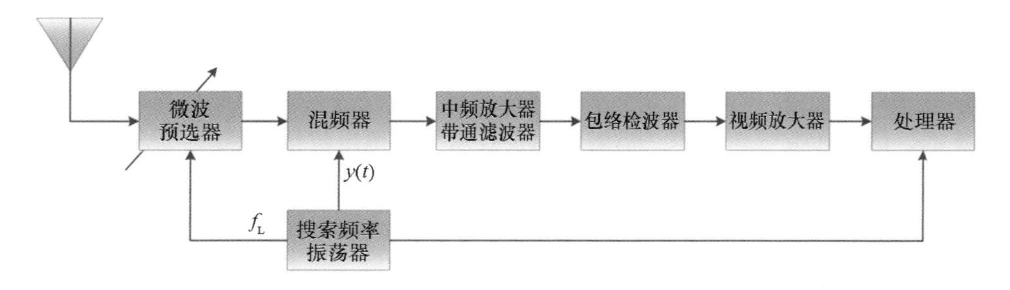

图 2－4 搜索超外差接收机基本结构

辐射源射频信号首先进入微波预选器，微波预选器将初步选出的所需射频信号送入混频器。混频器将输入信号与本振信号做频率搬移，将信号由射频变为中频。中频信号再经过放大、包络检波（对信号包络进行检测输出）和视频放大（对信号包络检波结果进行放大）后，被送入处理器进行进一步的信号处理。中频频率是由本振信号与接收信号间的频率差得到的，因此将这类接收机称为超外差接收机。

选择什么频率的信号进入接收机，是由接收机的本振频率和中频决定的。接收机的中频是一个固定的频率，因此可以通过改变本振频率来控制要选择的辐射源信号。如果将本振频率在一定范围内连续变化，就可以实现对一定频率范围内的辐射源信号的搜索和截获。

由于接收机中频是固定的，中频滤波器和放大器也是固定的，可以在设计时改善滤波器频率响应特性和放大器增益，从而提升整个接收系统的灵敏度，这是超外差接收机的优点所在。

通过使本振频率在一个较宽范围内扫描，可以实现接收机较大的测频范围，但是其瞬时带宽是由中频带通滤波器决定的，其带宽往往是窄带的，而信号接收的过程相当于用一个窄带频率窗口在宽带测频范围内连续搜索。

若目标信号为连续波信号，则一旦信号频率进入搜索频率窗，就可以实现信号检测。若目标信号为以雷达为代表的脉冲信号，则有可能出现这样的情形：在脉冲持续期间，脉冲信号频率未进入当时的接收机频率窗，而当搜索窗口覆盖信号频率时，正好轮至两脉冲之间的间歇期。因此，受到频率搜索速率和辐射源的脉冲重复间隔的双重制约，称搜索超外差接收机对脉冲信号的频域截获为一个概率事件。

要提高搜索超外差接收机信号截获概率，必须采用专门的扫描技术。根据预先编制的程序，对辐射源高度集中的威胁波段进行搜索，以便用最短的搜索时间发现威胁。

2.2.1.2 信道化接收机

信道化接收机的基本结构如图 2－5 所示，它采用多个并行的超外差信道，每个信道的中心频率不同，相邻信道在 3 分贝处相互连接，信道间频率间隔约为 3 分贝中频带宽，从而实现对多个信道的同时接收。信道化接收机既保留了窄带超外差接收机的特性，还能够提供较宽的频率覆盖。

从图 2－5 中可以看出，信道化接收机的瞬时带宽是 f_2 与 f_1 的差。每个信道的带宽是单个滤波器的带宽。要实现大带宽的频率截获，就要求分频段（信道）滤波器数目很多；要实现单个信道接收机的频域高分辨率，就要求单信道滤波器很窄。

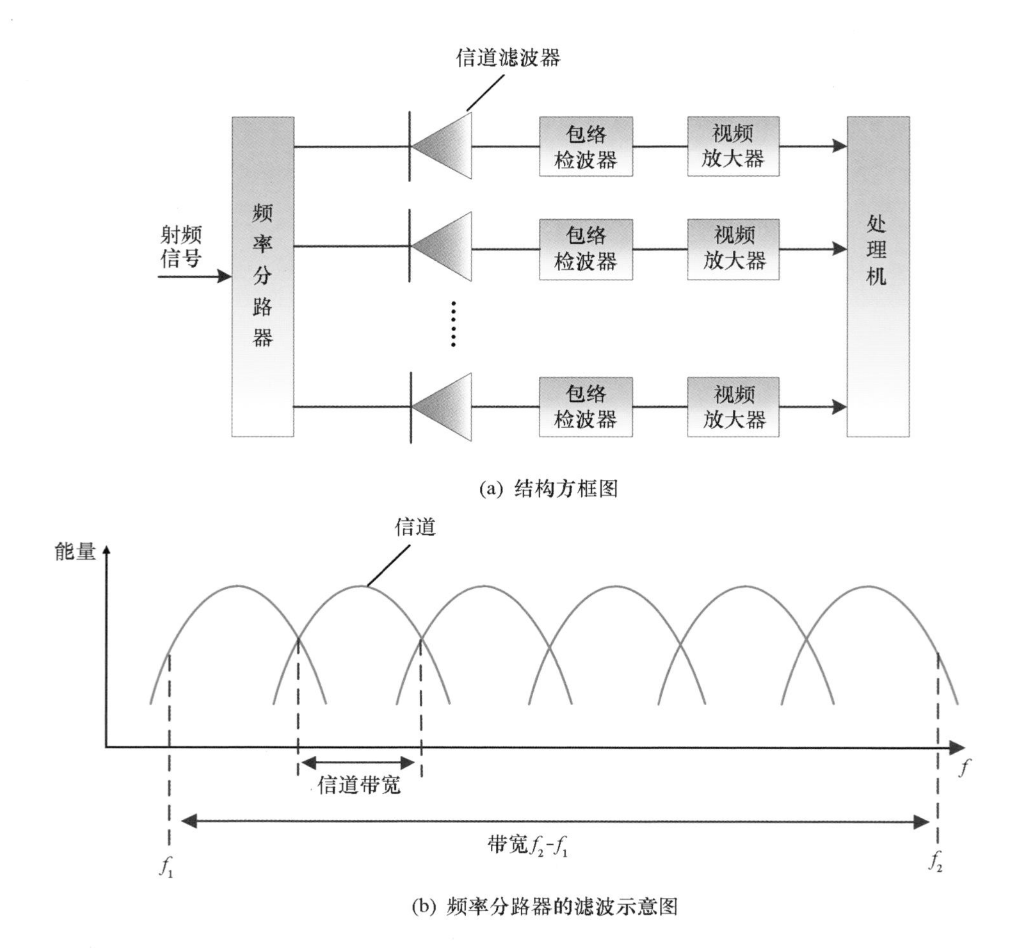

图 2－5　信道化接收机基本结构

2.2.1.3　数字接收机

数字接收机的核心思想是利用模数转换器替换前述接收机中的包络检波器和视频放大器。前述接收机前端对信号进行截获和部分信息提取的同时，破坏了信号的频率、相位调制信息。随着数字化技术的快速发展，信号处理能力大幅提升。通过模数转换器记录下的数字信号，能保留更多信息，支持长期保存和多次处理，更加灵活深入的信号处理算法能够提取更多的信息。

此外，由于数字信号处理没有模拟电路中的温度漂移、增益变化或直流电平漂移，因此需要的校正较少，使得处理过程更加稳定可靠。如果采用高精度和高分辨率的频谱估计技术，则频率的分辨率可接近理论值，而模拟接收机是不能获得这种结果的。

数字接收机的基本结构如图 2-6 所示。其中，射频变频器通常是一个下变频器，其作用是将输入的射频信号变换到模数转换器（analog to digital converter，ADC）的工作带宽以内。同时，射频变频器还要对微波信号进行放大；ADC 的作用是将输入的模拟信号变换为数字信号；频谱估计器用于对输入信号频谱进行精确分析，以便精确测量输入信号的频率；并行编码器用于对频谱分析的结果进行编码；数字处理器完成对数字化数据或者参数编码器输出结果的详细分析，提取目标更多的信息。

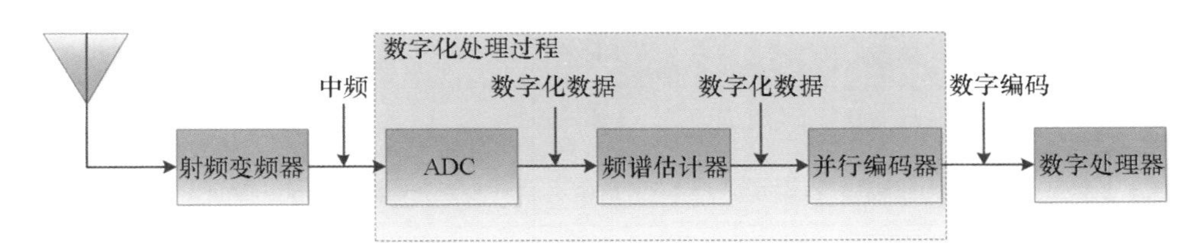

图 2-6　数字接收机基本结构

射频变频器完全可以由搜索超外差接收机或者信道化接收机的前部分替代。数字接收机的核心就是 ADC，高性能的 ADC 有利于最大限度地保留原始信号的全部信息。

2.2.2　信号分选分离

在对信号进行分析之前，需要将混叠在一起的多个信号分成单个独立信号。对于雷达对抗侦察而言，一般称为信号分选；对于通信对抗侦察而言，一般称为信号分离。

2.2.2.1 雷达信号分选

侦察系统截获雷达射频信号之后，通常经下变频以及检波转换为视频包络信号。描述脉冲包络的参数称为时域参数，包括脉冲幅度、脉冲宽度和到达时间等。将每一个脉冲的所有脉冲参数组合成一个数字化的描述符，该描述符称为脉冲描述字（pulse description word，PDW）。这是雷达对抗侦察系统获取的重要原始侦察数据，具体参数名称及符号见表2－1。

表2－1　雷达脉冲参数名称及符号

参数名称	符号	英文全称
到达时间	TOA	time of arrival
射频	RF	radio frequency
脉冲宽度	PW	pulse width
脉冲幅度	PA	pulse amplitude
到达角	DOA	direction of arrival
脉内调制	PM	pulse modulation

实际侦察过程中，雷达对抗侦察接收机接收到的是进入该接收机工作频段范围内的所有雷达辐射源信号组成的混合信号。为了实现对不同雷达目标的精确分析和处理，必须把混合雷达信号脉冲序列分成独立的雷达信号脉冲序列，即雷达信号分选。

所谓雷达信号分选，指的是把连续到达的多雷达脉冲信号序列分解为单部雷达脉冲序列，或者单部雷达的一种工作模式的脉冲序列，也称为信号去交错，如图2－7所示。

雷达信号分选的基本方法是基于不同雷达PDW参数的规律性，判断脉冲流中的每个脉冲来自哪部雷达。不同的雷达，其脉冲信号往往具有不同的规律。比如，多部频率、脉冲宽度等参数不同的雷达混合在一起时，可以利用参数的不同将混合信号中每部雷达的信号完全分离出来。可用于信号分选的参数必须是辐射源特征参数中最具规律性的参数，包括 DOA、RF、脉冲重复间隔（pulse repetition interval，PRI）（TOA 的差）、脉冲重复频率（pulse repetition frequency，PRF）（PRI 的倒数）、PW、PM 参数等。

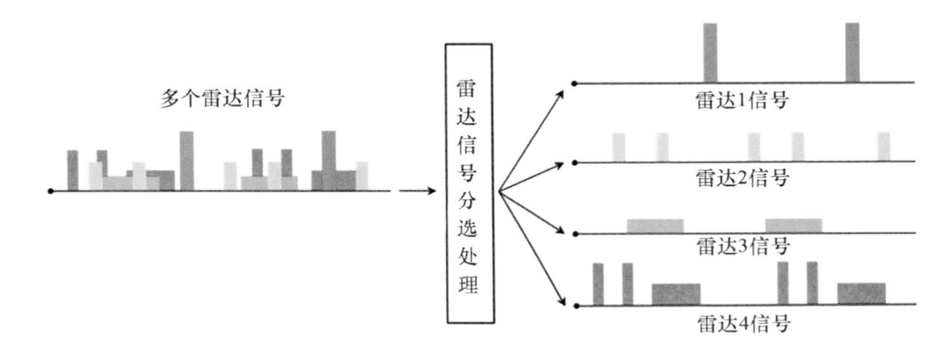

图 2－7　雷达信号分选示意图

信号分选的核心过程，是实现交叠脉冲流从一维时域空间向一维或多维信号参数空间映射，进而分离不同雷达辐射源脉冲序列。典型的分选方法包括：

1. 多参数联合分选

多参数联合分选方法的基本依据是在分选时间段内，同一雷达脉冲的若干参数值（例如 DOA、RF、PW）不变，因此根据各个脉冲的 DOA、RF、PW 等参数的相似度可对交叠脉冲列的脉冲进行聚类，从而实现分选。目前，多参数联合分选通常使用直方图统计技术进行。

例如，将 DOA、RF、PW 三个参数构成三维空间，将接收到的每个序列按照上面三个参数逐个脉冲投影到上述三维空间，同一个雷达辐射源的脉冲序列就自然聚成一堆，从而完成了雷达分选，如图 2－8 所示。

根据图 2－8 可以初步判断不同辐射源的情况。对于多个固定频率的辐射源，散点图将包含多个 RF 和 DOA 的聚集簇（如图中红色的圆圈）。频率捷变

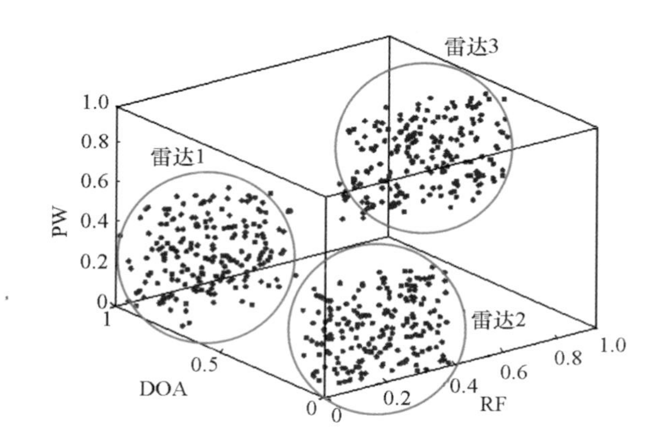

图 2－8　DOA、PW、RF 直方图统计示意图

雷达信号可能被分到不同的脉冲组。它们具有频率范围宽、集中在特定到达角或者脉宽周围的特征，经进一步处理后可以将这些脉冲归并，并判明它们来自同一频率捷变辐射源。

2. 重频分选

除了 RF、DOA 等参数以外，脉冲重复频率（PRF）也是雷达的重要参数。PRF 是脉冲重复间隔（PRI）的倒数。一部雷达的主要用途或者工作模式往往决定了其重频特征。因此，利用脉冲重频进行分选也是一种有效的手段。

脉冲重频分选是通过对脉冲列 PRI 特征的分析，识别辐射源 PRI 特性，从而提取属于不同辐射源的脉冲列。通常采用的方法是基于脉冲到达时间差的直方图分析方法。

其基本原理是按照一定的时间分辨率把感兴趣的 PRI 范围分成有限个直方格，将待分选的脉冲序列中任意两个脉冲到达时间作差，将差值落在各个直方格内的“脉冲对”分别进行累积计数，然后将每个直方格对应的计数器的值以直方图的形式反映出来。显然，如果脉冲序列中具有固定重频为 PRI 的一列脉冲，那么直方图将在 PRI 处形成较高的累计值，从而根据直方图的分布即可分析和判断可能存在的 PRI。

几种典型信号的到达时间差直方图特性如图 2－9 所示。

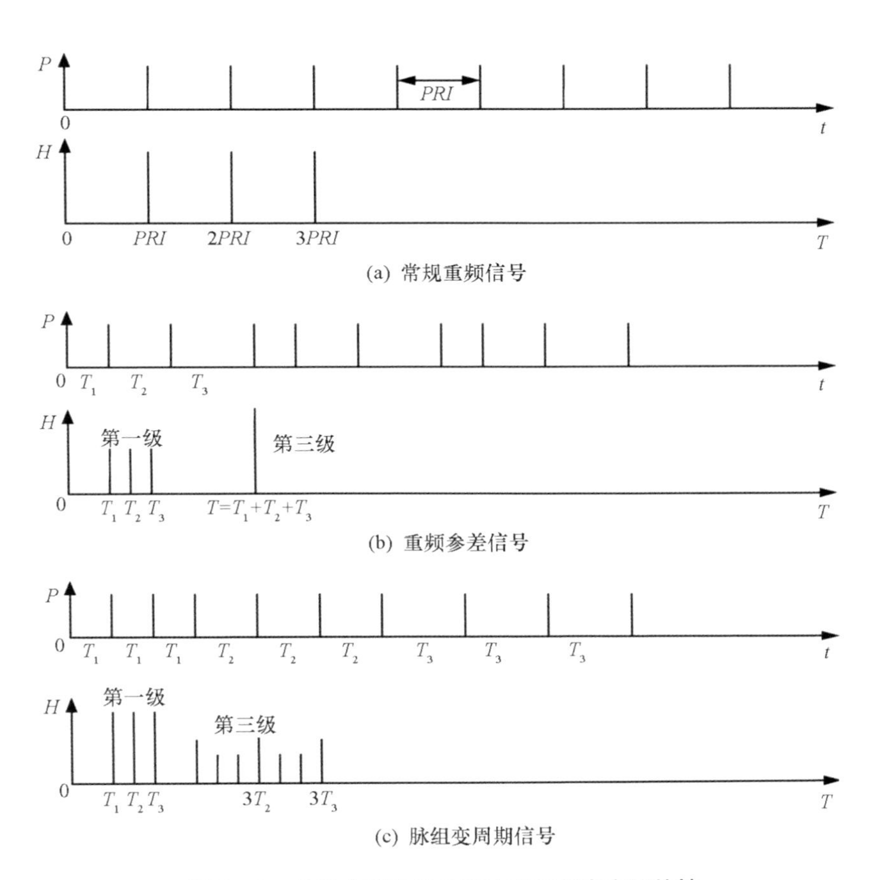

图2-9　几种典型信号的到达时间差直方图特性

重频直方图分选实现简单，但是也存在一些问题。首先，因为重频直方图统计的是所有脉冲相互之间TOA差值的分布，所以，即使是对一部常规重频雷达的脉冲序列，直方图也会同时在其PRI处以及PRI的整倍数处形成很高的峰值。其次，在多部雷达脉冲序列交错的情况下，或出现脉冲丢失、虚假脉冲等现象时，直方图可能在全部PRI的倍数、和数、差数上均累积出峰值，这就给分析和检测带来很大困难。由于上述问题，在使用重频直方图分选时还需要针对环境和目标特性改善算法。当信号环境复杂或重频特征没有确定规律时，必须综合利用多种分选手段才能达到好的效果。

2.2.2.2 通信信号分离

随着通信信号以及雷达信号工作频段的不断扩展，二者会占用很大部分重叠频段。同时，随着各种抗干扰体制通信、隐身通信的不断应用，接收波束宽、带宽覆盖范围广的通信侦察接收机接收到时频混叠信号的概率大大增加。例如，对于星载舰船自动识别系统（automatic identification system，AIS）而言，卫星瞬时覆盖范围可达上千海里（1 海里 = 1.852 千米），能同时接收来自多个 AIS 发出的信号，从而导致卫星接收机面临多个 AIS 信号时间和频率重叠的情况，如图 2 – 10 所示。

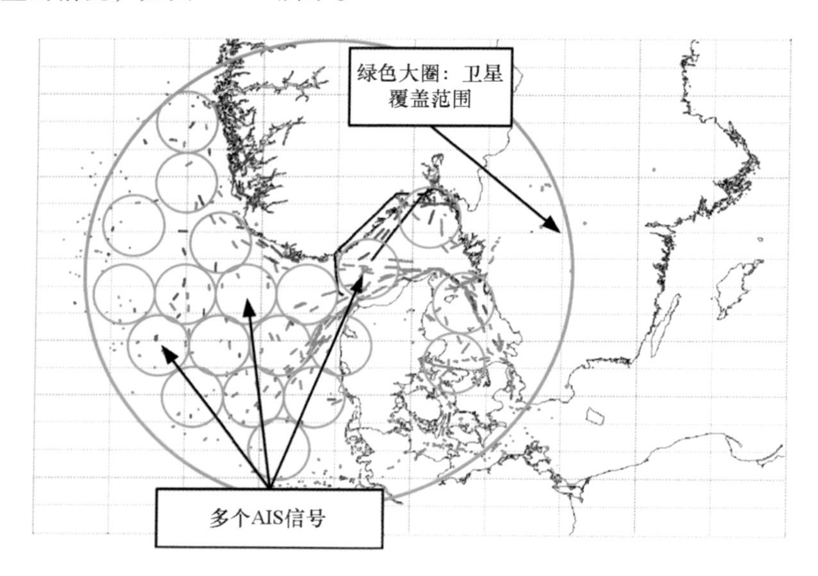

图 2 – 10　星载 AIS 接收多 AIS 信号示意图

当侦察系统接收到同时同频的雷达信号和通信信号时，无法进一步完成后续的分析、识别与定位。在这种情况下，必须首先将不同的信号分离出来。针对不同的接收通道数目，可以采用不同的通信信号分离方法。当潜在分离的源信号数目等于阵元数目时，对应的分离被称为适定分离；当源信号数目小于阵元数目时，对应的分离被称为超定分离；当源信号数目大于阵元数目时，对应的盲源分离被称为欠定分离。特别地，当接收通道只有 1 个时，将退化成单通道分离问题。当前，主要依赖多接收通道完成源信号分离。单通道虽然设备简单，但是先验信息太少，是信号分离领域中的难题。

2.2.3 信号参数分析

2.2.3.1 雷达信号脉内调制分析

脉内调制分析主要完成对雷达信号调制方式的识别，为后续干扰提供更加精确的参数支撑，为识别提供更加丰富的信息。典型的雷达调制包括频率调制、相位调制及两者的混合调制。采用脉内频率和相位调制的目的是形成脉冲压缩信号（大时宽带宽积）。这类信号可以使雷达具有良好的检测性能，能同时提高雷达的距离范围和距离分辨率，并兼具低截获特性，是现代雷达特别是军用雷达广泛采用的信号体制。最为常见的脉内调制形式有线性调频（linear frequency modulation，LFM）、二相编码（binary phase shift keying，BPSK）、四相编码（quadrature phase shift keying，QPSK）等。

雷达信号脉内调制分析技术的研究始于20世纪80年代，至今已形成了一些较为有效的分析方法，主要包括时域自相关法、相位差分法和时频分析法等，各类方法均有一定的适用条件，需根据具体应用情况选择。

时域自相关法。时域自相关法的主要原理是利用不同调制信号的自相关特性的差异性，实现对脉内调制的识别和参数估计。对于LFM信号而言，自相关函数为线性方程，其中线性因子即为调制斜率；对于相位编码信号而言，自相关函数是直流信号，但是码元之间的相关会产生相位上的跳变。时域自相关法处理速度快，适合实时处理；但是信噪比适应能力不强。

相位差分法。相位变化率中包含了全部的信号调频和调相规律，调频信号的主要特征是其频率随时间变化，而瞬时频率又是相位对时间的一阶微分，在数字信号中就是相位序列的一阶差分；相位调制信号的特征也是用相位变化来反映的。因此，相位差分法的主要原理是提取计算信号的相位变化特性实现脉内调制识别和参数估计。图2-11给出了典型的雷达脉内调制的相位差分图。从图中可以看出，不同脉内调制的相位差分特征差异明显，因此可以根据信号的相位差分序列进行识别。

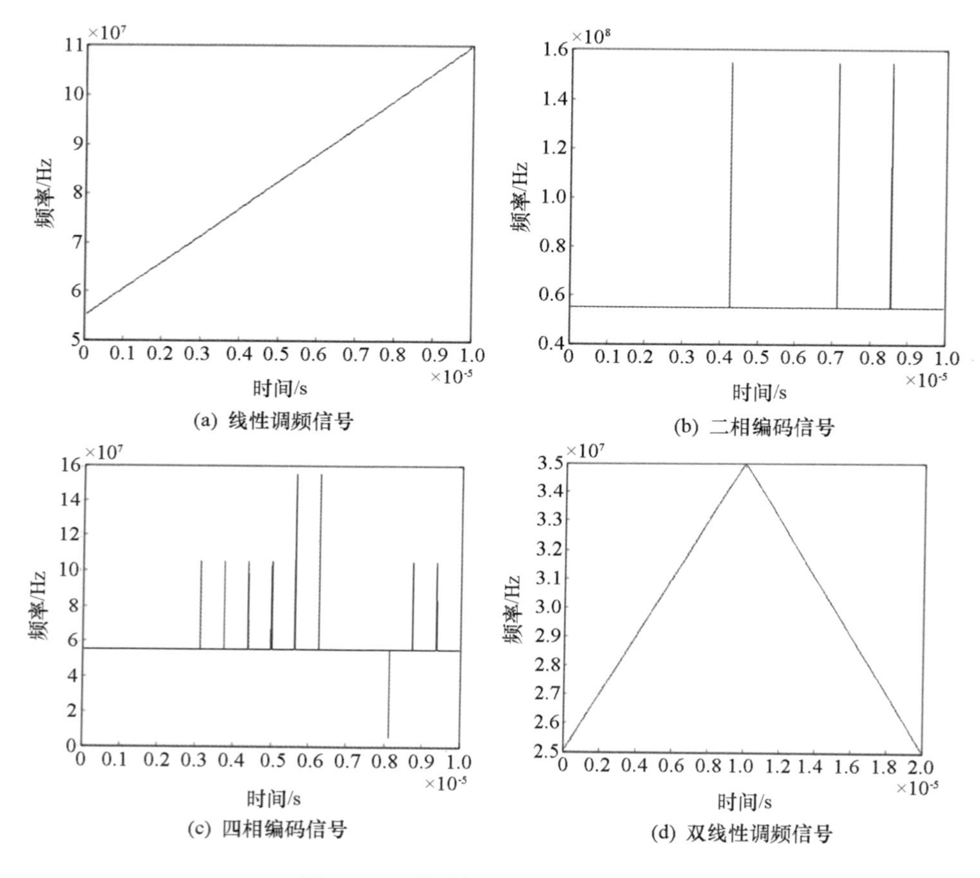

(a) 线性调频信号　(b) 二相编码信号

(c) 四相编码信号　(d) 双线性调频信号

图 2-11　典型调制信号相位差分图

时频分析法。时频分析法主要有短时傅里叶变换（short time Fourier transform，STFT）、维纳-维尔分布（Wigner-Ville distribution，WVD）算法、小波分析等，其基本思路是描述信号在时域-频域二维平面上的能量分布，从而判断调制类型。短时傅里叶变换克服了传统傅里叶变换的缺点，它通过对信号加窗后对窗口内信号做傅里叶变换，反映了频谱随时间大致的变化规律。短时傅里叶变换是线性变换，不会产生多信号交调，比较适合用来分析频率分集信号。但由于所加窗口是固定的，时域分辨率和频域分辨率存在矛盾。如果每段时间窗选择过长，则时域分辨率低；如果每段时间窗选择过短，频域分辨率低。WVD 算法能克服短时傅里叶变换的缺点，在时域和频域均能获得高精度。但维纳－维尔分布是双线性的，使得多个信号和频率成分在时频平面上会产生交叉项，在多信号或包含多个频率分量的单信号分析中产生模糊。

2.2.3.2　通信信号分析

通信信号分析的任务是完成信号检测、获取辐射源信号参数、识别调制样式，并分析网台属性、完成信号解调和通信协议分析，进而获取通信信息。其目的是实现对通信信号和通信网的准确描述，生成通信侦察情报，为通信干扰提供引导。

和雷达信号不同，通信信号种类繁多、参数复杂。因此，信号分析的结果和过程也存在较大差异。例如，对于模拟调制的语音信号，信号分析要测量的信号参数主要包括射频和带宽，信号解调后需要恢复语音；而对于数字调制信号，需要测量的参数主要包括频率、码元速率和调制方式，信号解调恢复信息序列后，还要进一步分析编码等协议参数。对于采用直接序列扩频通信体制的信号，还需要分析伪随机码码速率、码周期、码序列等扩频参数。在实际通信侦察系统中，由于对辐射源信息获取程度不同，信号分析方法通常还根据实际需求进行设计，在很多以干扰引导为目的的通信侦察系统中，信号盲解调和协议分析等不一定是必需的。

1. 通信信号分析流程与任务

完整的通信信号分析主要包括信号检测、体制识别、参数测量、调制识别、网台分析、盲解调、协议分析，最终实现信号监听或通信信息的恢复，如图 2－12 所示。

通信对抗侦察系统中的信号检测通常分两部分完成：一是在侦察接收机中实现，二是在侦察信号分析时实现。信号分析时信号检测的主要作用是完成接收机带宽内多信号的检测，以及扩频信号等低截获概率信号的检测，以

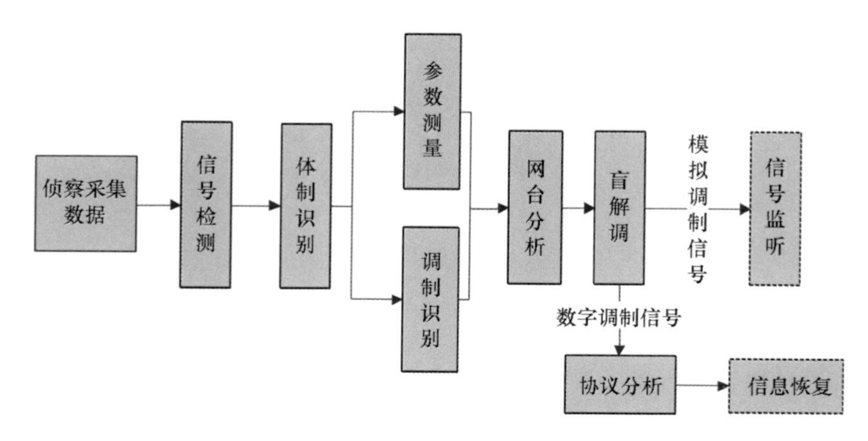

图 2－12 通信信号分析流程框图

弥补接收机信号检测能力的不足。

通信信号形式复杂，采用的信号体制也差别很大，不同体制的通信信号工作参数类型均存在差异。体制识别是进行后续信号参数分析的基础。其主要方法是分析不同体制信号在时域、频域、时频域的差异。例如，通过时频域分析可以区别跳频信号，通过时域相关分析可以区分直接序列扩频信号等。

在完成体制识别的基础上，要对通信信号进行详细的参数测量与调制识别。通信信号的调制参数主要包括载波频率、带宽、信号相对电平、符号速率等。目前，对通信信号技术参数的测量多采用数字信号处理的方法实现，如利用频域分析方法测量信号的中心频率、带宽和相对电平，利用时域分析的方法测量码元宽度、码元速率等。对通信信号进行调制识别，主要是根据通信信号各种调制样式的特点，提取反映信号调制类型的特征参数，构成识别特征参数集，按照一定的准则进行调制分类识别。信号调制识别可为识别通信辐射源的属性和信号解调提供支持。

在面对由若干个电台辐射源组成的通信网时，需要区分不同辐射源对应的信号，以及各网台之间的通联关系等，这就是网台分析要完成的工作。网台分析通常需要在信号参数测量分析结果和测向（或定位）信息的支持下，利用综合分析的方法完成。对于跳频等码分多址通信网，需要专门的网台分析方法。

对通信信号的解调、监听和信息恢复是通信侦察信号分析的重要内容。对于模拟通信信号，其解调和监听的实现相对较容易。数字通信信号调制方式多，通信对抗侦察系统中的数字调制解调器必须解决两个基本问题：首先是解调器的通用性，它应该能够适用于不同的调制方式和调制参数的数字通信信号的解调；此外，通信对抗侦察系统的解调器是一种信号先验参数不足（或精度不够）的被动式解调器，必须具有一定的盲解调能力。随着计算机水平的快速发展，通信侦察中越来越多地采用软件实现信号的盲解调，称为数字软解调。

协议分析是恢复数字通信系统传输信息的必要前提。通信系统尤其是军用系统，常采用比较复杂的通信协议，如：加密、信源编码、加扰和纠错编码（也称信道编码）技术，以及对于通信网信号的网络协议等。作为非协作的第三方，通信对抗侦察系统一般都不具备侦察对象的密码、纠错编码方式等通信协议的先验信息，要恢复信息必须通过协议分析获取上述协议参数。随着近几年侦察处理技术的发展，信源编码识别、纠错编码识别、密码破译等协议分析方面都取得了巨大进步，使得信息恢复逐渐成为可能。

表2-2给出了常用通信信号相关介绍。

表2-2　常用通信信号相关介绍

信号体制	主要参数	典型应用	常用调制方式
模拟调制常规定频	信号电平、射频、带宽、调制指数	调频、调幅广播电台	AM①、FM②、PM
数字调制常规定频	信号电平、射频、码速率	卫星数传、数字卫星电视	ASK③、FSK④、PSK⑤、APK⑥
直接序列扩频	信号电平、射频、伪码速率、伪码周期、伪码、伪码生成多项式、符号速率	卫星、导弹测控、伪码测距、GPS导航	PSK

续表

信号体制	主要参数	典型应用	常用调制方式
跳频	频率集、跳速、跳频间隔、跳频图案、跳时刻、带宽/码速率	跳频电台、卫星通信	FSK、PSK
二次调制	信号电平、射频、副载波个数、副载波频率、副载波带宽/码速率	卫星、航天飞机、空间站测控	FSK/PSK-PM、FSK/PSK-FM
直接序列扩频码分多址(DS-CDMA⑦)	用户数、伪码周期、伪码速率、用户电平、用户伪码、符号速率、伪码生成多项式	CDMA 手机、扩频测控网、GPS 导航	PSK
跳频码分多址(FH-CDMA⑧)	信号电平、频率集、跳频速率、跳频范围、各用户跳频图案、用户电平、跳时刻、带宽/码速率	跳频电台、Link16	FSK、PSK
脉冲体制	信号电平、射频、脉宽、脉冲模式、模式交错规律	“塔康”、敌我识别	CW⑨

注：①幅度调制（amplitude modulation，AM）；

②频率调制（frequency modulation，FM）；

③幅移键控（amplitude shift keying，ASK）；

④频移键控（frequency shift keying，FSK）；

⑤相移键控（phase shift keying，PSK）；

⑥幅度相位调制（amplitude phase modulation，APK）；

⑦直接序列扩频码分多址（direct sequence-code division multiple access，DS-CDMA）；

⑧跳频码分多址（frequency hoping-code division multiple access，FH-CDMA）；

⑨连续波（continuous wave，CW）。

2. 典型通信信号调制识别方法

通信信号的调制参数分析是介于信号检测和解调之间的过程，通信信号解调、引导干扰和获取情报信息，都需要了解信号的调制参数。典型的调制参数包括信号射频、码速率以及调制方式。

图2－13给出了常规通信信号的主要调制方式。图中包含以下缩略语：单边带调幅（single sideband modulation，SSB）、抑制载波双边带调幅（double-sideband modulation，DSB）、正交幅度调制（quadrature amplitude modulation，QAM）等。

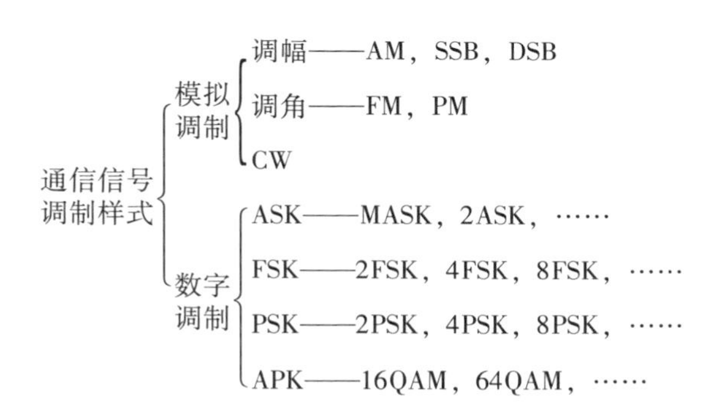

图2－13　通信信号主要调制方式

通信信号调制识别方法虽然多种多样，但调制识别其实是一种典型的模式识别问题，典型过程如图2－14所示。首先进行信号滤波平滑等预处理；然后通过计算信号调制特征，构建最能反映不同调制差别的特征参数集合；最后依据事先建立的判决规则，通过将特征参数与规则设定的阈值相比较，识别信号调制方式。

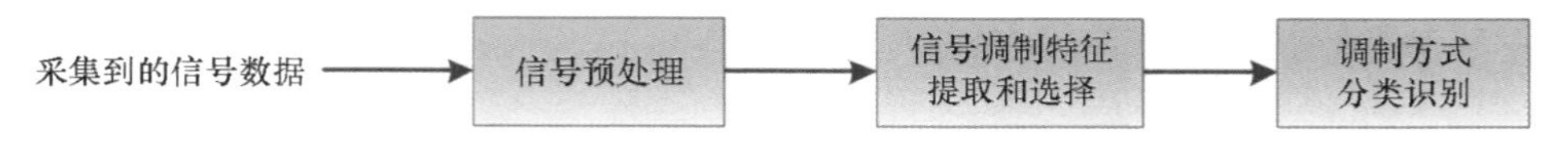

图2－14　调制识别的流程

信号调制特征提取一般是从数据中提取信号的时频域特征或变换域特征。时频域特征一般包括信号的瞬时幅度、瞬时相位或瞬时频率的直方图以及其他统计参数。变换域特征则包括功率谱、谱相关函数、时频分布及其他统计参数。目前，可以用于调制识别的典型特征参数包括如下几类：

- 幅度特征，通过测量信号幅度是否变化以及变化的剧烈程度，区分幅度存在变化的调制，例如区分 MQAM 和 MPSK，以及区分不同的 ASK 信号。
- 相位特征，通过测量信号瞬时相位变化剧烈程度，区分相位绝对值变与不变的信号，以及相位是否连续或突变的信号。如区分 MFSK 和 MPSK，区分 MPSK 和 MSK 等。
- 频谱对称性，通过计算信号频谱的对称程度区分信号频谱对称性有差异的调制，如区分下边带调幅（lower sideband modulation，LSB）、上边带调幅（upper sideband modulation，USB）与 FM、MFSK、MPSK 等。
- 频率特征，通过测量信号瞬时频率变化规律的程度，区分是否采用频率调制类的信号，如识别不同的 MFSK 信号。

此外，还可以利用信号非线性变换之后的谱峰特征情况进一步区分许多相似的调制方式，如 BPSK、QPSK、偏移四相移键控（offset quadrature phase shift keying，OQPSK）等信号。

在调制特征集构建基础上，一般采用决策树即可完成多类调制的分类判别。决策树分类器采用多级分类结构，每级结构根据一个或多个特征参数，依次分辨出某类调制类型，最终实现对多种调制类型的识别。这种分类器结构相对简单，易于理解。一种典型的调制识别决策树如图 2－15 所示。图中，C_i 和 N_i 分别表示不同阶数 i 的频谱单频分量检测量和对应的分量数，L 表示功率谱对称指数，P 表示星座点聚集指数。

3. 典型通信信号参数分析方法

射频估计。不同调制信号的射频估计方法不同。对于频谱存在峰值的情况，如 AM、ASK 或者二次调制信号，通过计算快速傅里叶变换（fast Fourier transform，FFT）的方式完成峰值的检测，峰值对应的位置就是射频估计值。为了得到较高的测频精度，需要增加信号采集的长度，因此，精确的测频会延长处理时间。AM 信号频谱如图 2－16 所示。对于 MPSK、MQAM 等调制信

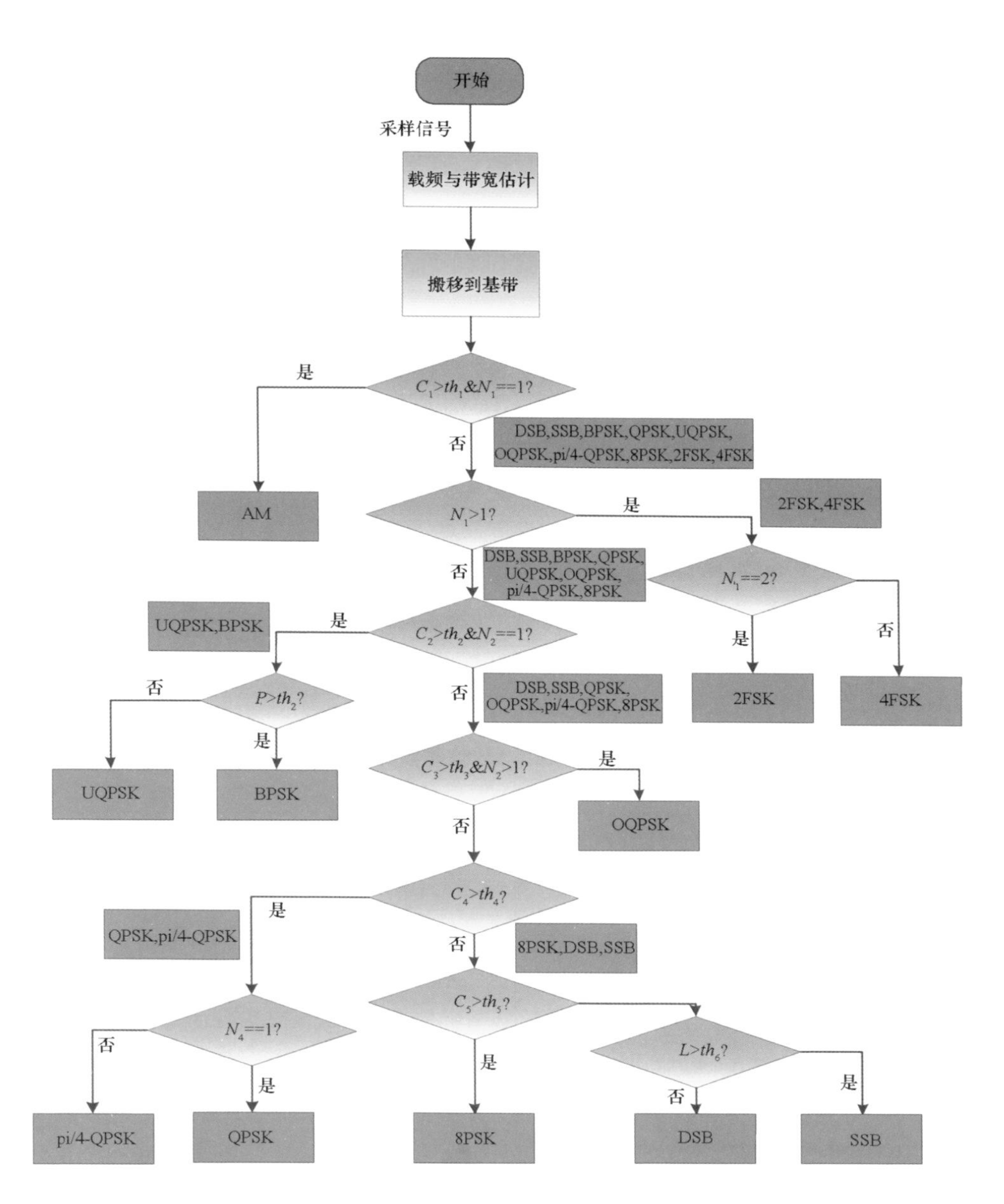

图 2-15　基于特征决策树的通信信号调制识别示意图

号，由于信息码元是随机的，调制信号中不包含射频分量。对于此类信号，在进行射频估计之前，可以先对信号进行平方或者高次方变换，恢复信号中的载波分量。对于 MPSK 信号，可以通过对信号先进行 M 次方运算，再进行 FFT 运算并搜索峰值，确定 M 倍射频的值。例如，对于 BPSK 信号，需要进行平方运算；对于 QPSK 信号，需要进行四次方运算等。MPSK 信号 M 次方谱如图 2－17 所示。

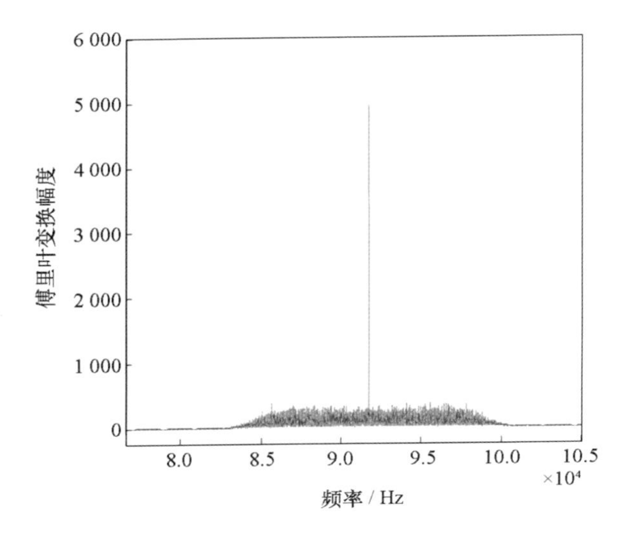

图 2－16　AM 信号频谱

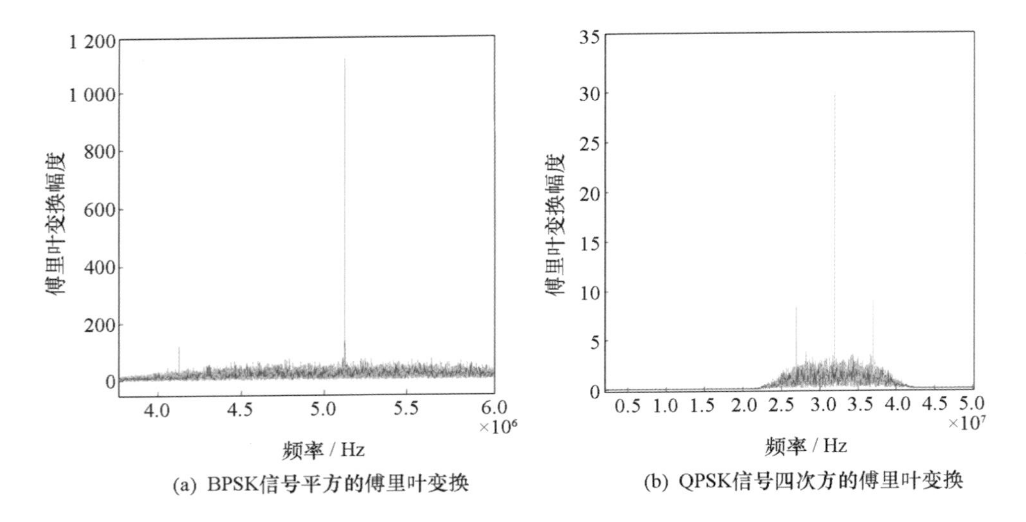

(a) BPSK信号平方的傅里叶变换　(b) QPSK信号四次方的傅里叶变换

图 2－17　MPSK 信号 M 次方谱

码速率估计。不同调制信号的码速率估计方法不同，但是核心方法都是提取码元跳变的规律。对于调频类信号，可以直接通过计算数据的瞬时频率恢复通信的码序列，通过检测最小的码元宽度可以估计码速率。对于调相类信号，信号包络的频谱在码速率处存在离散谱线，可以通过搜索峰值位置完成码速率估计。MPSK 信号的包络谱如图 2－18 所示。

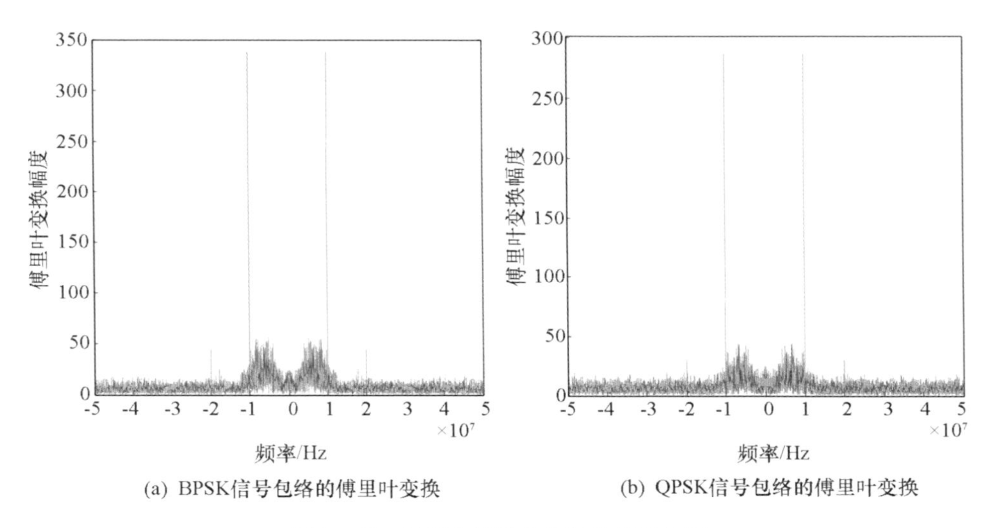

(a) BPSK信号包络的傅里叶变换　(b) QPSK信号包络的傅里叶变换

图 2－18　MPSK 信号包络的傅里叶变换

4. 数据链路层分析

数据链路层分析主要针对解调后的基带码流，获取其采用的数据链路层协议参数。

数据链路层协议主要指通信双方在通信时对数据帧封装、纠错编码和数字调制等过程的具体规范。数据链路层协议分析技术主要对数字解调后的基带码流进行分析，识别基带码流中的纠错编码方式并估计编码参数，识别基带码流中的帧同步码并分析数据帧格式，识别基带码流中存在的交织和加扰等，并完成相应的解扰和解交织，最终得到信号在基带的基本数据单元。

典型的数字通信系统数据发送流程如图 2－19 所示。从图中深色部分可以看出，纠错编码技术位于信源编码和数字调制之间，不同的通信系统可能采用不同的纠错编码样式和参数，但作为非合作方，事先并不知道通信系统所采用的编码样式，因此在纠错编码盲识别过程中，需要对其中的每一个环节都进行检测和识别，漏检任何一个环节都可能无法恢复出原始的信息数据。

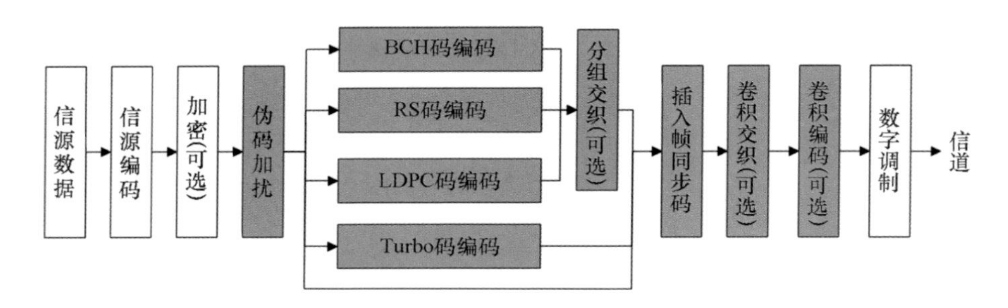

图 2－19　典型数字通信系统数据发送流程

从图 2－19 中可以看出，数据链路层协议分析的主要任务包括以下几个方面：一是卷积码的盲识别；二是帧同步码及交织器的盲识别；三是线性分组码［BCH 码、里德－所罗门（Reed-Solomon，RS）码］的盲识别；四是低密度奇偶校验（low density parity check，LDPC）码和 Turbo 码的盲识别；五是伪随机码的盲识别。

纠错编码的盲识别属于信号处理领域的前沿课题，不同类型的编码识别方法差异性较大。同时，具有纠错编码设计的信息传输系统，靠编码增益克服信道干扰，可以降低发射功率，当被动接收信号信噪比较低时，接收的数据中会出现一定的误码，这种带有随机性的误码大大增加了信号分析的难度。具体的方法可以参考该领域的学术论文和专著，本书不再赘述。

5. 网络层分析

网络层分析主要是通过分析信号所携带的各种信息特征获取网络的主要特征。网络的特征主要有网络结构特征、网络运行特征和网络用户特征等。

网络的结构特征包括网络的物理结构、业务结构和组织结构。物理网络拓扑结构分析对由电磁网络、移动通信网络和互联网络组成的复杂空间中的网络拓扑结构进行分析、发现和描述。业务网络拓扑分析是对网络中的各种不同业务类型进行感知识别，主要包括业务数据类型识别、业务网络重构的研究。网络组织拓扑分析的核心是通信关系分析。通信关系分析的最终目的是能从一个表示信息流的图中快速整理通信间的关系，实现目标通信关系的拓展和组织结构的发现、组织的定位以及组织内部关系的确定，从而挖掘可疑的目标或感兴趣的模式。

网络运行特征包括网络的运行协议、网络数据流量等特性，重点在于对网络协议的分析。

网络用户特征包括网络用户性质、网络用户个体属性，以及网络服务商特性，此外，还包括对网络服务主机的分析。主要方法是采用数据流分析方法，即通过对网络数据流各种特征的提取、分析和识别，实现对网络用户特征的分析识别。

6. 跳频信号分析

跳频通信是现代军事通信中最具代表性，也是应用最广泛的抗干扰通信体制。跳频通信发射机输出信号的射频按照通信双方事先约定的所谓“跳频图案”进行随机跳变，使得并不确知这一跳频图案的第三方很难跟随其射频变化，完成解跳和解调。

对跳频信号的分析除了前述调制识别与参数分析，还需要对跳频参数进行分析，典型跳频参数见表2－3。

表2－3 典型跳频参数

序号	参数名称	含义
1	跳频速率	跳频信号在单位时间内的跳频次数
2	驻留时间	跳频信号在一个频点停留的时间，其倒数是跳频速率，它和跳频图案直接决定了跳频系统的很多技术特征
3	频率集	跳频电台所使用的所有频率的集合称为频率集，其完整的跳频顺序构成跳频图案，集合的大小称为跳频数目（信道数目）
4	跳频范围	跳频电台的工作频率范围
5	跳频间隔	跳频电台工作频率之间的最小间隔，或称频道间隔，通常任意两跳的频率差是跳频间隔的整数倍

跳频信号由于频率是随时间变化的，不能用单一的时域分析或频域分析，需要采用时频分析方法完成跳频参数估计。主要的时频分析方法包括 WVD 和 STFT。

以 STFT 为例介绍跳频参数分析过程。STFT 也称为加窗傅里叶变换，其利用一个时间窗对数据进行滑动，每次滑动计算傅里叶变换。对于某一时刻，其 STFT 可视为该时刻的“局部频谱”。图 2－20 给出了一个典型跳频信号的 STFT 结果。

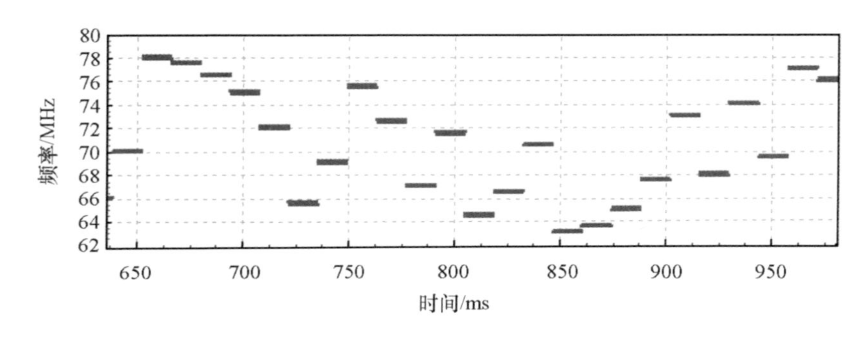

图 2－20　跳频信号 STFT 时频分布

从图 2－20 中可以看出，通过二维图上的峰值检测可以获得每跳的起始时刻、持续时间和频率值等参数。从图中可以看出，该信号跳频频率集共有 25 跳。

2.2.4　电子目标识别

电子目标识别是将被测辐射源信号参数或者光信号参数与预先获得的辐射源库中的参数相比较，以确认该辐射源属性的过程。

2.2.4.1　辐射源型号与属性识别

传统的辐射源识别主要包括如下内容：一是根据信号参数分析结果以及定位结果等判别辐射源类型和型号。二是基于先验知识进一步完成目标（载机、载舰等平台）识别，即判别目标类型与关联的武器系统。三是根据信号工作模式等识别辐射源的威胁等级。

1. 雷达辐射源识别

用于雷达辐射源识别的特征通常包括信号频率、脉宽、脉冲重复间隔、脉内调制、天线扫描规律等。

雷达信号的不同参数决定了雷达的不同用途和任务，可以作为雷达信号和属性识别的依据。例如，雷达脉冲重复频率是其中非常重要的一个参数。一部雷达的主要用途或者工作模式往往决定了其脉冲重频特征。对脉冲序列重频特征的正确识别能够为情报生成提供可靠的依据。不同的雷达，由于其用途或工作模式差异，一般具有不同的重频类型，归纳起来，如表2-4所示。

表2-4 常见重频类型特点及其典型应用

重频类型	PRI的变化形式	主要应用
常规重频	固定重复周期	常规雷达、MTI和PD雷达
重频抖动	PRI变化范围超过5%	用于对抗预测脉冲到达时间干扰
重频参差	多个PRI周期变换	MTI系统中用于消除盲速
重频正弦调制	PRI受正弦函数调制	用于圆锥扫描制导
重频滑动	PRI在某一范围内扫描	用于固定高度覆盖扫描，消除盲距
脉组参差	脉冲列PRI组间变化	用于高重频雷达解模糊

雷达辐射源识别主要流程如图2-21所示。

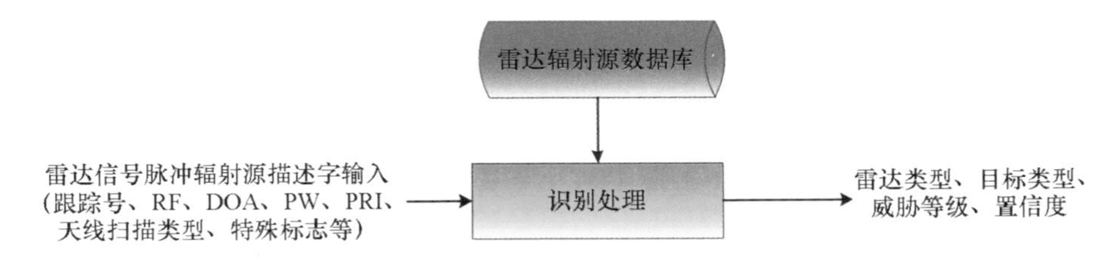

图2-21 雷达辐射源识别流程

从图2-21可以看出，雷达辐射源识别需要具备一个完善准确的雷达辐射源识别数据库系统。任何识别过程必须依赖于先验信息，识别结果的正确性取决于雷达识别库中已知雷达信号特征参数信息的完整性和准确性。识别库的内容需要通过大量雷达对抗侦察数据的综合分析和统计处理，并结合经多种手段获得的情报进行验证后存入库内。还应根据雷达目标的部署和配备的变化及其电子装备的改进，不断核实、补充和修改，这是电子侦察工作长期累积的成果。雷达识别库中包含的特征参数项目的多少，视雷达对抗系统的用途而定。对于雷达告警设备，通常只存储雷达的主要战术技术性能，如射频（或频段）、脉冲重复频率、脉冲宽度、雷达类型和威胁等级等，经识别处理后，只给出雷达类型和威胁等级。而对大型雷达对抗系统，则存储雷达的全部战术技术性能，经识别处理后，给出雷达类型、运载平台、威胁等级等情报，以及识别可信度和最佳干扰样式等。库存的雷达战术技术性能项的多少，将随着新体制雷达的出现和雷达对抗侦察设备的发展而增加。

辐射源识别通过选取合适的分类识别方法构造分类器，完成对待测辐射源的分类识别。目前典型的分类识别方法有：最近邻分类法、统计决策方法、模糊识别方法、神经网络方法、登普斯特－谢弗（Dempster-Shafer，D-S）证据理论方法和基于推理机制的专家系统等。

以经典的最近邻分类法为例说明识别过程。将侦测得到的辐射源参数信息与雷达识别库中的已知雷达型号数据进行比较，选取所有参数加权距离最小的雷达型号作为该雷达辐射源的型号识别结果。根据识别结果可判断辐射源所从属的武器系统、平台特性和当前工作模式等。一般地，辐射源识别通常还需要专家进行人工辅助判别。在电子对抗支援侦察系统中还要进一步判定威胁等级，进而做出告警、干扰或摧毁等对抗决策。

识别过程存在先验信息的不确定性、参数测量的误差以及参数相同或相近的辐射源型号、类型等模糊因素。为解决模糊判别问题，通常在给出辐射源识别结果的同时，给出该结果的置信度水平。例如为防止漏掉最危险的“目标”，必须对每个辐射源识别的置信度和威胁等级进行综合考虑。置信度计算通常依据特征参数的一致性程度和各特征参数所起作用的差异，以不同加权的方法计算得到。

2. 通信辐射源识别

用于通信辐射源识别的特征通常包括频率、突发脉宽、信号体制、信号导频、调制参数、编码参数、协议参数等。特征参数提取必须依赖于对通信侦察中频采样数据的准确信号分析，其主要流程如图2－22所示。

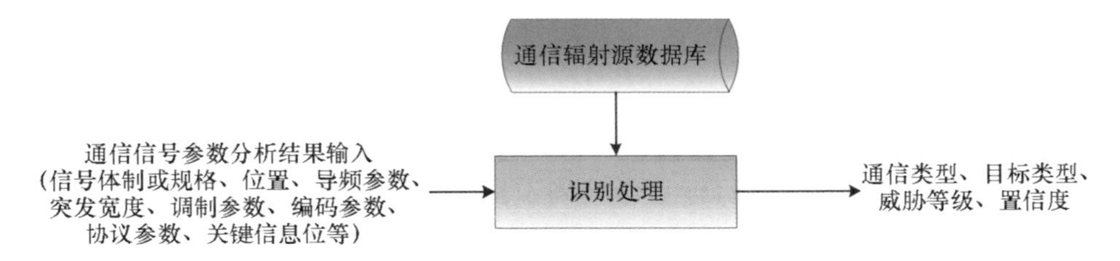

图2－22 通信辐射源识别流程

从图2－22可以看出，通信辐射源识别需要具备一个完整准确的通信辐射源识别数据库系统。与雷达信号相比，通信信号的参数体系复杂，分析难度大，对通信目标数据的要求也更高。一般需要精确的信号参数，包括导频参数、调制参数、编码参数、协议参数、关键信息位等。特别地，由于现代通信多以组网形式进行，对于包括拓扑结构、关口站等的通信网的精确分析也是重要的任务，能够为威胁等级识别提供有益输入。

一方面，通信辐射源识别库的内容需要通过大量通信侦察数据的综合分析和统计处理，并结合经多种手段获得的情报进行验证后存入库内。还需要根据对方通信目标的部署和配备的变化，以及通信协议的变化不断核实、补充和修改，这是电子侦察工作长期累积的成果。

另一方面，相同型号或相似类型的通信终端常常在陆海空平台大规模应用。以卫星通信为例，卫星通信终端在陆基、海基、空基平台上都有装备，而且关键信息一般采用加密手段，传统的呼号和身份证明文件（identification document，ID）等信息一般不是永久固定的，而是定期变更或者根据任务动态生成的。因此，对此类通信辐射源进行更加精确的识别需要利用辐射源个体识别技术。

2.2.4.2 辐射源个体识别

1. 概念与历史

随着雷达、通信装备数量的急剧增加以及大量新型体制雷达的广泛应用，电子侦察系统面临着日益密集、复杂的辐射源环境。由此带来的一个重大挑战就是，传统的电子侦察手段无法可靠地从大量参数相近或交叠，甚至同型号的雷达、通信个体中辨识出重点目标。特别地，由于通信信号解密困难，通过还原信息的方式完成目标身份精确识别的可行性不高。因此，需要基于侦察数据直接对辐射源个体进行精确识别。

· 名词解释

– 辐射源指纹识别 –

辐射源指纹识别又称特定辐射源识别（specific emitter identification，SEI）或辐射源个体识别，它是指提取辐射源信号指纹特征参数，并将其与已知辐射源的指纹进行比对，从而识别辐射源个体身份的过程。

正如同卵双生的双胞胎都有不同的指纹一样，由于发射机器件的容差，即使同厂家同批次生产的同型辐射源，也会在其所发射的信号中表现出细微的差别。能够稳定反映上述细微差别的特征参数即为辐射源指纹特征。

通过辐射源个体识别将相同参数的信号区分，确定信号所属电子信息系统个体及对应的平台个体，从而有效获取敌方兵力部署、调动以及活动规律等重要战术战略情报。

20 世纪 60 年代中期，美国政府就提出了识别以及跟踪特定移动发射机的应用需求，并与诺斯罗普·格鲁曼（Northrop Grumman）公司合作，责成其研发一种能够实时识别和跟踪特定辐射源的方法。诺斯罗普·格鲁曼公司在此背景下首先研发了一套处理系统，并在接下来的几十年时间里，成功地将其应用于各种射频通信设备的指纹识别。从 20 世纪 70 年代起，美国海军研究实验室（naval research lab，NRL）开始对雷达辐射源指纹识别技术开展长期深入的研究。以古德温为主的研究人员论证了雷达辐射源个体识别的可行性，提出了无意调制（unintentional modulation，UM）等概念，并指出 UM 是雷达指纹特征的主要来源。基于对雷达无意调制机理的深入研究，NRL 于 1988 年设计了一个“电子对抗无意调制处理器”，在这基础上研制了第一代雷达 SEI 系统——小单脉冲信息信号处理元件（little monopulse information signal processing element，LMISPE）系统。此系统在 1993 年通过一系列的测试，从众多竞争者中脱颖而出，被美国国家安全局（national security agency，NSA）采纳为国家标准。

辐射源指纹识别系统首先应用于 1998 年的科索沃战争。在那场战争中，SEI 技术的功效得到了实战检验。在此之后的几年时间里，具备 SEI 功能的新型电子对抗系统迅速配备到美国各军兵种的预警、侦察以及电子对抗装备上。从目前互联网公开的资料看，已经加装或正在加装 SEI 功能模块的平台有：空中的 E－2C、E－3、EP－3、P－3、EA－18G、EA－6B、F－16CJ、MC－130P；海上的海岸警卫艇、情报收集船以及潜艇（BLQ－10）；陆地上的 E10“哨兵”系统、某些特种部队的单兵系统；太空中的 TACSAT－1、TACSAT－2 试验卫星以及“白云”海洋监视卫星等。截至 2005 年，美军已经积累了超过 30 000 部雷达的信号库。

2. 辐射源指纹特征来源

辐射源的指纹特征主要来源于发射机器件的非理想特性所导致的振幅、相位、频率、脉宽等信号参数随时间所作的不应有的变化。在某些场合，它也被称为信号失真或寄生调制等。

下面以雷达为例，介绍辐射源指纹特征的器件来源。为实现各种复杂功能，现代军用雷达普遍采用主振放大式发射机，即以行波管、速调管或者固态功放等器件作功率放大器，可以发射稳定、相干的信号，并且较易实现频率捷变与复杂波形调制。主振放大式发射机的典型器件组成结构如图 2－23 所示。发射机中的各器件，尤其是电源、脉冲调制器、功率放大器等高压高功率器件，都会产生随机性的噪声输出，影响信号的频谱纯度。除此之外，各器件也都因各自所特有的一些非理想特性而使信号产生无意调制。

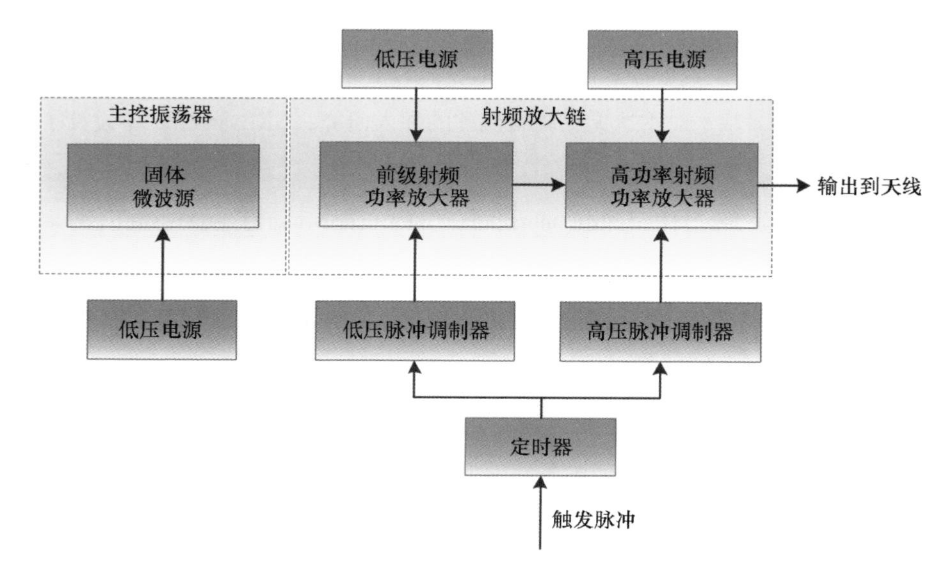

图 2－23　主振放大式发射机的典型结构

典型的主控振荡器包括一个基准晶体振荡器和一个由倍频器、分频器以及混频器等组成的频率合成器，它们都在低电平工作。晶体振荡器的短期稳定度可达 10^{-8}。在全相干系统中，晶体振荡器还同时作为稳定本振的基准信号源，其稳定度更高。因此，相比于工作于高功率状态的磁控管振荡器，这种主控振荡器可以产生十分稳定、干净的射频信号。然而，振荡器不是绝对稳定的，其本身会产生噪声输出；另外，频率合成器也会产生一定的相位噪声以及杂散输出。总体而言，主控振荡器主要产生连续性和随机性的杂散和噪声。但是，相比于发射机中的其他器件模块，主控振荡器产生的噪声和杂散等无意调制是十分微弱的。

低压和高压脉冲调制器在定时器控制下产生调制脉冲。实际的调制脉冲波形都不是理想的矩形脉冲，而具有前沿、后沿、顶部波动、顶部线性降落（顶降）等不规则的形状，如图 2－24 所示。在工作参数不变的情况下，调制器产生的调制脉冲波形一般可认为是固定不变的。不规则的调制脉冲加于功率放大器，将使功放的极间电压在脉冲持续时间内发生不规则的变化，最终导致射频脉冲信号产生确定性的脉内无意调制。这里的“确定性”是相对噪声和杂散等的随机性而言的。

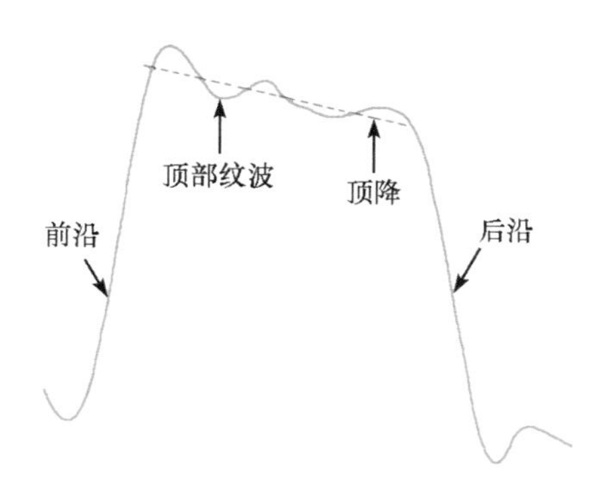

图2－24 典型的调制脉冲波形

直流电源为高压脉冲调制器、功放等高功率器件供电，而功放各极供电电压的改变最终都会使信号的振幅和相位发生变化。电源的非理想特性主要表现为电源纹波。一般直流电源纹波具有类似正弦的性质，且其变化周期远大于脉冲宽度，即在一个脉冲的持续时间内，电源电压的变化可以忽略不计，因而由电源纹波引起的无意调制主要是脉间无意调制。例如，电源纹波导致脉冲调制器产生电平不断变化的调制脉冲，这些调制脉冲加于功放后，将使射频脉冲信号产生不同的脉间附加相移。设电源纹波完全具有正弦形式，其频率为 F，则如图2－25所示，调制器产生的调制脉冲电平也在脉间作正弦变化。

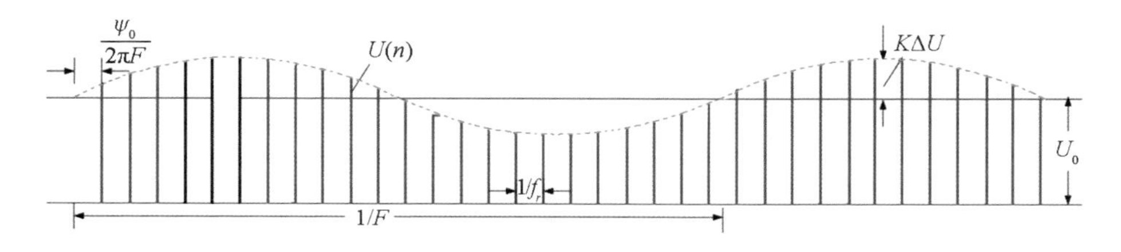

图2－25 电源纹波引起的调制脉冲电平的脉间不稳定

射频放大链由两个以上的射频功放（power amplifier，PA）级联而成。其中，前级功放作为激励级推动末级高功率放大器，因而又被称为激励放大器。早期的主振放大式发射机一般采用中、小功率的行波管或速调管放大器作为推动级。20 世纪 80 年代以后，普遍采用固态晶体管放大器作为激励级。末级功放通常采用行波管、速调管等 O 型管。有些功率不大的现代雷达也采用 C 类固态功放作为末级功放，比如具有模式 S 功能的二次雷达。功放是非线性器件，电源电压变化、调制脉冲电平变化、输入激励信号振幅和频率的变化都会引起无意的幅度、频率和相位调制。通常，为了提高效率，末级功放工作于强非线性的饱和区，而激励级功放一般工作于非线性相对较弱的低功率状态。因此，分析无意调制时，应重点考虑末级功放的非线性效应。功放非线性无意调制引起的信号失真可以分为频域失真和时域失真两类。其中，频域失真是由放大器在信号频带范围内非线性的振幅特性和相位特性引起的。一个理想的无失真放大器，在信号频带内的振幅特性是个常数，相位特性则是条直线。然而，实际的功放都不满足上述理想特性。当功放的输入信号具有一定带宽时（比如脉冲压缩信号），就会产生频域失真。一般而言，行波管造成的频域失真比速调管要严重许多。功放需要直流电源供电，并在脉冲调制器的控制下工作。功放引起的时域失真是指调制脉冲波形失真、电源纹波以及输入信号功率变化等通过功放的非线性效应使射频信号产生的寄生相位调制和寄生幅度调制。据前面关于脉冲调制器的分析可知，脉冲调制器所导致的调制脉冲波形失真在脉内具有确定性的变化规律，而在不同脉冲间则具有可重复性，因此，功放在这种失真的影响下，将使信号产生同步的脉内无意调制。而据前面对电源的分析可知，功放在电源纹波的影响下主要产生具有一定规律的脉间无意调制。

雷达发射机中，定时器根据 PRF 和脉宽的指标要求，控制脉冲调制器产生调制脉冲的起始时间和持续时间。因此，定时器的不稳定将导致脉冲起始时间和脉冲宽度的不稳定。其中，脉冲起始时间的不稳定将使得脉间时间间隔不稳定，而脉冲宽度的不稳定则会使脉冲持续时间因脉冲而变化。所以，定时器的不稳定主要导致随机性的脉间无意调制。

3. 辐射源指纹特征识别技术

下面以飞机的二次雷达信号为例，说明指纹特征提取方法的有效性。

飞机二次雷达信号是简单调制，单个突发脉宽只有0.8微秒。实际采集了9个飞机的二次雷达信号。理想的脉冲包络应该具有平滑的边沿以及平坦的脉顶，但实际信号包络在前沿与脉顶的交界区域，却具有过冲、塌陷等不规则现象；常规脉冲的理想脉内频率应该是恒定不变的（归一化频率为0），但所有实际发射信号在脉冲前、后沿都具有明显的非线性的无意频率调制。9个飞机敌我识别信号（E1～E9）的脉冲包络如图2－26所示。从图2－26中可以看出，无意调制主要体现在脉冲前、后沿，而脉顶的无意调制很微弱，甚至被噪声掩盖。

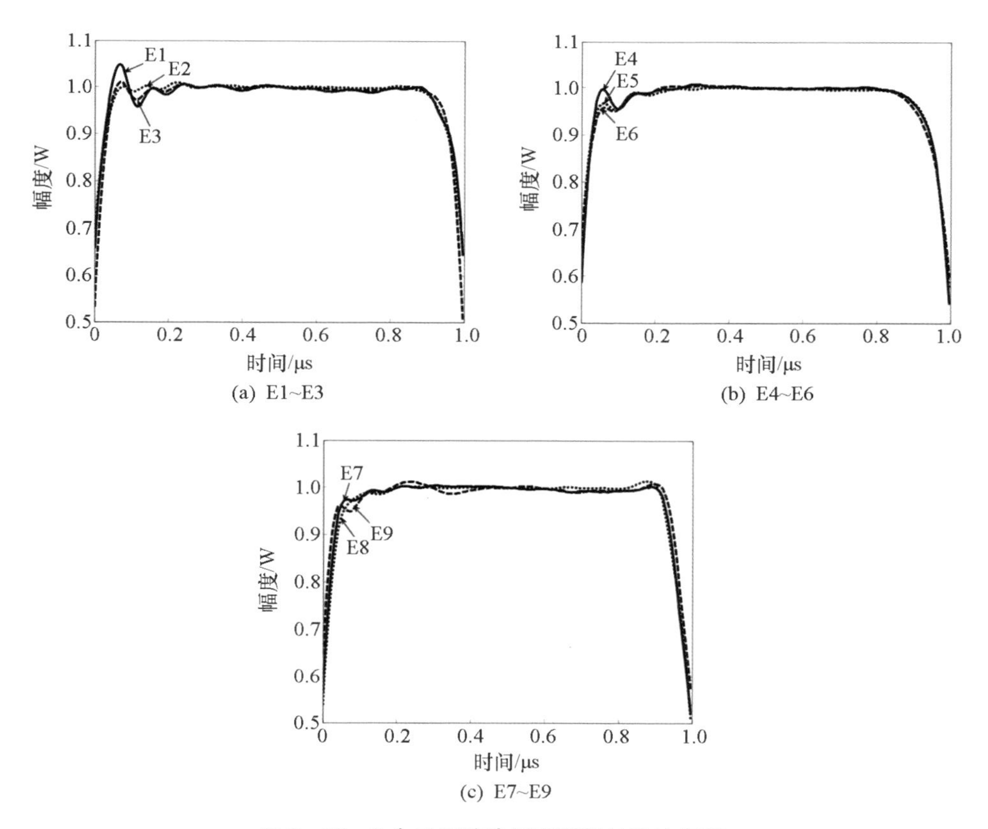

图2－26　9个飞机敌我识别信号的脉冲包络

对每个脉冲频率进行精确测量，不同目标的频率变化规律特性存在较大差异，如图 2－27 所示。无意调频比无意调幅明显，反映指纹特征的能力更强。

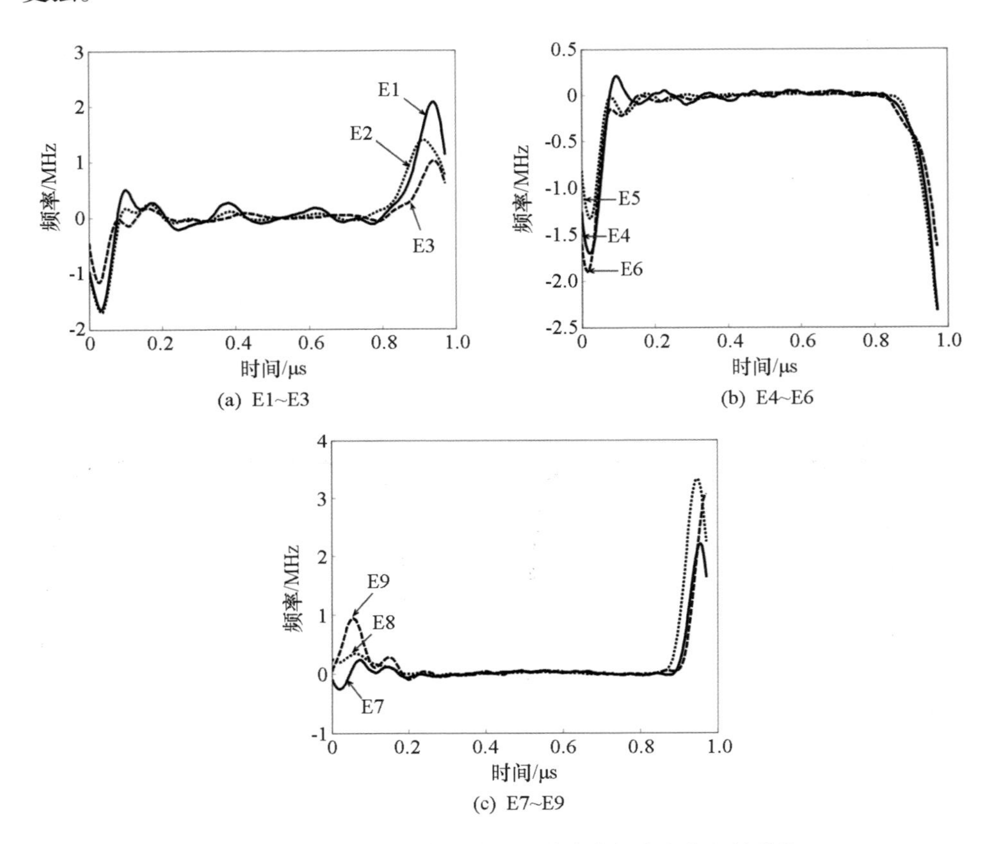

图 2－27　9 个飞机敌我识别信号的脉内频率变化规律曲线

图 2－28 显示了 E1 辐射源 24 次采集的数据（来自多天采集结果），E2 则有 22 次采集。图 2－28（a）～（d）分别显示了这两个源在不同时间的脉内特征曲线图。图中，每一条曲线由一次采集的所有脉冲的特征曲线平均而成。从图中可以看出，虽然时间推移、环境变化，但是，脉内包络以及脉内瞬时频率曲线基本保持一致，说明这两者具有很强的稳定性。

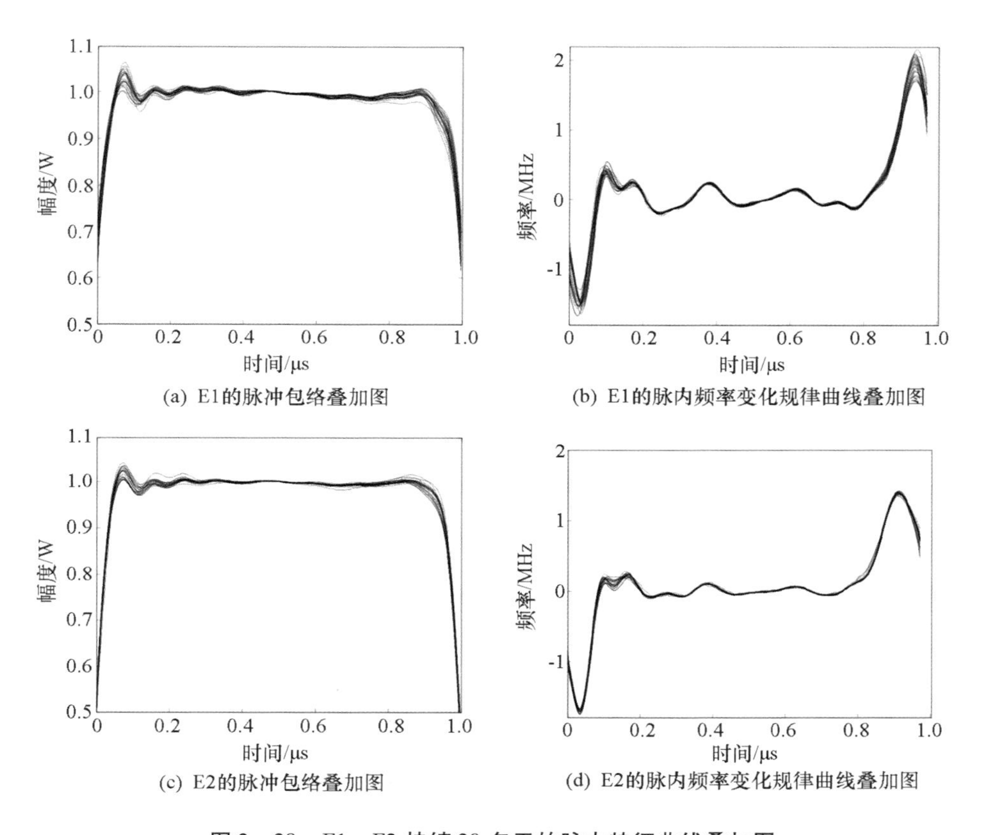

图 2-28 E1、E2 持续 20 多天的脉内特征曲线叠加图

2.2.5 目标定位

由于定位者自身不主动辐射信号，因此又将电子侦察中的目标定位称为无源定位（passive location）。一般由一个或多个接收设备组成定位系统，测量被测辐射源信号到达的方向和时间等系数，利用相关技术来确定辐射源位置。

无源定位系统有多种分类方法：按照侦察站数目，可以分为多站无源定位和单站无源定位；按照无源定位的技术体制，可以分为测向交叉定位、时差定位、频差定位、各种组合无源定位等；按照辐射源辐射信号类型，可以分为通信无源定位、雷达无源定位、水声无源定位、光电无源定位等；按照侦察平台，可以分为机载无源定位、陆基无源定位、舰载无源定位、星载无源定位等。下面主要介绍应用最为广泛的测向交叉定位、时差定位和典型的单站无源定位技术。

2.2.5.1 测向交叉定位技术

测向交叉定位技术是在已知的两个或多个不同位置上测量辐射源电磁波到达方向，然后利用三角几何关系计算出辐射源位置，因此又被称为三角定位（triangulation）法。它是最成熟、被采用最多的无源定位技术之一。

假定在二维平面上，目标 T 的位置（x，y）待求，侦察站 1、2 的位置分别为（x_1，y_1）、（x_2，y_2），测量得到的角度为 θ_1 和 θ_2，两条方向射线可以交于一点，该点即为目标的位置估计，如图 2－29 所示。

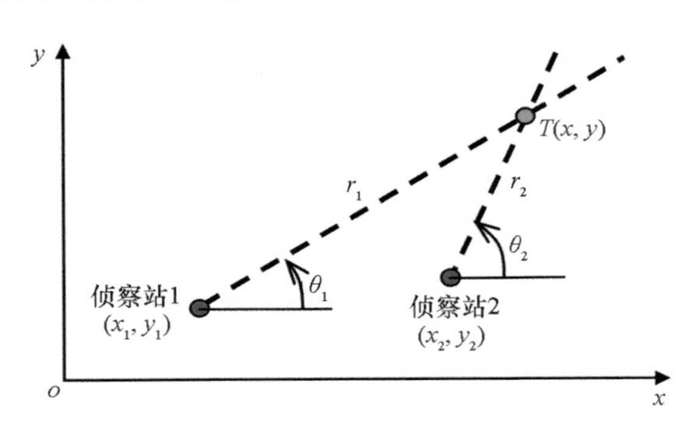

图 2－29　测向交叉定位原理

实现测向交叉定位有两种方法：一是用两个或多个侦察设备在不同位置同时对辐射源测向，得到几条位置线，其交点即为辐射源的位置。二是一台机载侦察设备在飞行航线的不同位置对相对固定或慢速运动的辐射源进行两次或多次测向，得到几条位置线再交叉定位。

在利用测向进行交叉定位的过程中，定位误差与侦察站位置配置和辐射源到基线的垂直距离等参数有关。因此，为了减小定位误差，提高定位精度，应尽量减小测向误差。此外，当被侦察区域中有多个辐射源在同时工作时，采用测向交叉定位法可能产生虚假定位，这时的交叉点（定位点）可能不是辐射源位置所在。原因是这种方法只测量辐射源的方位并由方位线的交点来确定辐射源的位置。减少虚假定位的方法与途径有以下几种：一是在信号分选和识别的基础上，采用多站测向定位（地面侦察站），多个侦察站利用数据关联方法消除虚假目标；二是多次测向并鉴别真假辐射源（机载侦察设备）；三是同时尽量采取措施抑制侦察天线旁瓣，以减小它对定位精度的影响。

2.2.5.2 时差定位技术

时差（time difference of arrival，TDOA）定位技术是运用辐射源信号到达不同侦察站的时间差对目标辐射源定位的技术。为简化讨论，设两侦察站（机）在 x 轴上，两站距离为 L（称为定位基线），坐标系的原点为其中点，如图2－30所示。

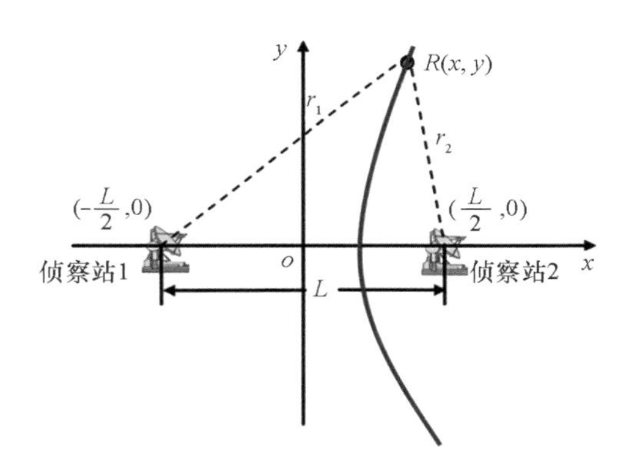

图2－30 时差双曲线

假定某时刻雷达辐射的脉冲分别经 t_1 和 t_2 时间后被1站和2站接收，由两站收到同一雷达脉冲的时间差可以计算出对应的距离差。从解析几何知识可知，在平面上某一固定的距离差可以确定一条以两个侦察站为焦点的双曲线。因此如果平面上有三个侦察站，可以确定两条双曲线，这两条双曲线在平面上最多只能有两个交点。如果只有一个交点，则不存在定位模糊；如果存在两个交点，这两个交点位置必然是分布在定位基线的两侧。

双曲线时差定位系统通常由一个主站和两个以上的辅站组成，其定位原理如图 2－31 所示。若主站和各辅站的位置都已知，且都接收辐射源信号，并相应测得同一雷达发射脉冲信号到达主站和各辅站的时间差。图 2－31 中主站 C 和一个辅站 A 测得的时间差正比于辐射源到这两个站的距离差，从而可以确定一条以这两站位置 A、C 为焦点的双曲线 L_1。主站 C 和另一辅站 B 测得的时间差也可确定一条双曲线 L_2。这两条双曲线的交点即是辐射源所在的位置。由此可见，要实现对同一平面内的辐射源目标的定位，双曲线时差定位系统至少需要由三个接收站组成。

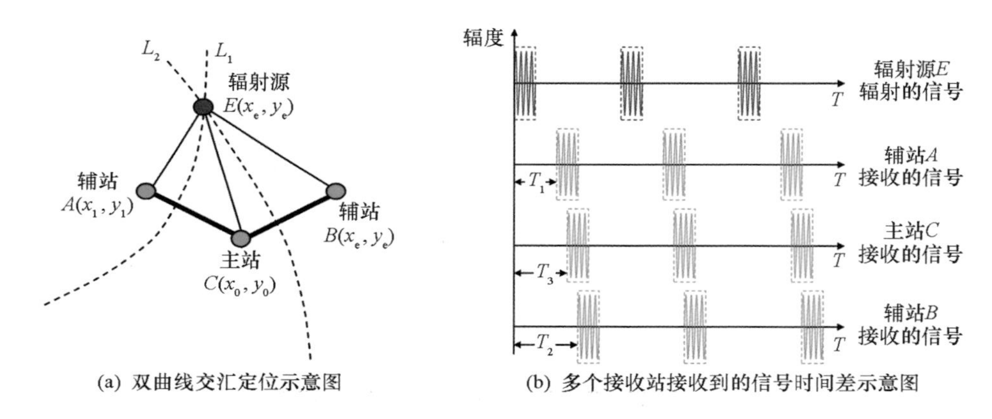

(a) 双曲线交汇定位示意图　　(b) 多个接收站接收到的信号时间差示意图

图 2－31　双曲线时差定位原理

上述时差定位系统中，有一个特殊问题就是侦察站间的脉冲配对问题。所谓配对问题是指需要三个侦察站计算同一个脉冲的时差，否则就会得到完全错误的结果。主要有两种情况会引起时差配对的困难：一是站间的基线距离太长，或者辐射源的脉冲重复间隔（PRI）太短，会引起时差配对的模糊现象；二是如果存在多个辐射源照射的情况，就必须同时考虑分选和配对问题。另外由于需要多个站的时间配合，侦察站之间必须要满足同步和站间通信要求。

时差定位技术的主要特点是定位精度高，且与脉冲频率无关，有利于形成准确航迹。另外，侦察系统可以采用宽波束天线，同时覆盖一定的方位扇区，天线不需扫描。典型的时差定位应用包括地面时差定位系统和海洋监视卫星系统。

国外地面时差定位系统的典型代表是捷克“维拉-E”系统，如图2-32和图2-33所示。捷克“维拉-E”系统利用时差定位技术对目标实施精确定位和跟踪。“维拉-E”系统能接收、处理和识别各种机载或舰载和陆基雷达、电子干扰机、敌我识别装置、战术无线电导航系统（即“塔康”）、数据链、二次监视雷达、航空管制测距仪和其他各种脉冲发射器发出的信号。侦察接收天线尺寸（高度×直径）为2米×0.9米，重约300千克，采用24伏直流电，功耗250瓦。天线的灵敏度很高，方位瞬时视场为120°，对工作频段内的信号具有高的截获概率。

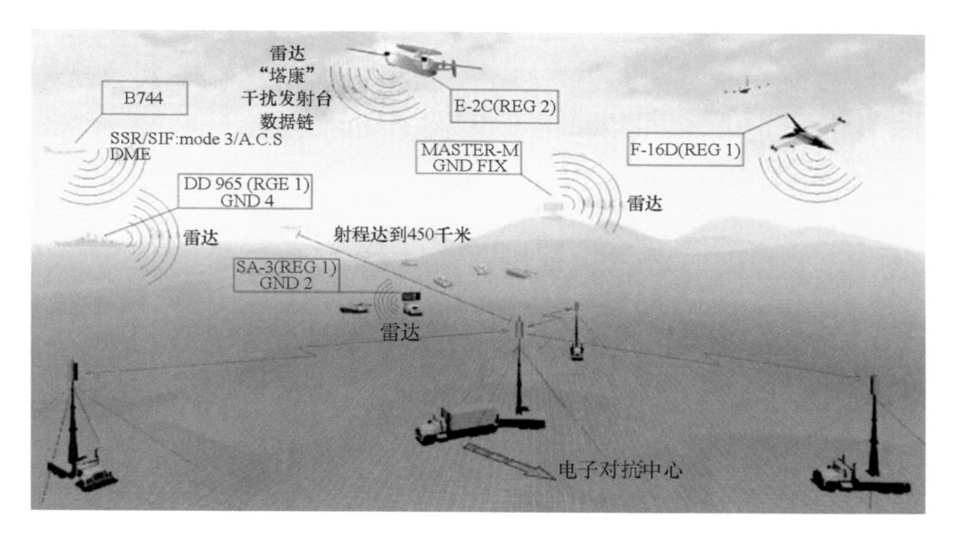

图2-32 “维拉-E”系统

整套“维拉-E”系统由四个分站组成：分析处理中心位于中央地带，部署在箱式汽车内，拥有完整的计算机处理系统以及通信、指挥和控制系统。另外三个信号接收站则分布在周边地区，呈圆弧线形布局，系统展开部署后站与站之间的距离在50千米以内。信号接收站使用重型汽车运载，具有灵活部署的优点。接收天线的支架竖起时高17米，占用空间为9米×12米。

图 2－33 “维拉－E”系统的一个侦察站

时差定位体制应用到卫星上就是海洋监视卫星。海洋监视卫星系统采用多颗卫星组网工作，利用星载电子侦察接收机同时截获海上目标发射的无线电信号来测定目标的位置。图 2－34 展示了三星星座时差定位的基本方法：三颗卫星可以测得两组独立的时差，在三维空间中，辐射源信号到达两侦察站的时间差确定了以两站为焦点的半边双叶旋转双曲面，考虑到目标处于海面上（海洋监视），再利用目标位于地球的表面这一定位曲面，三个定位面的交点就是目标所处的位置。

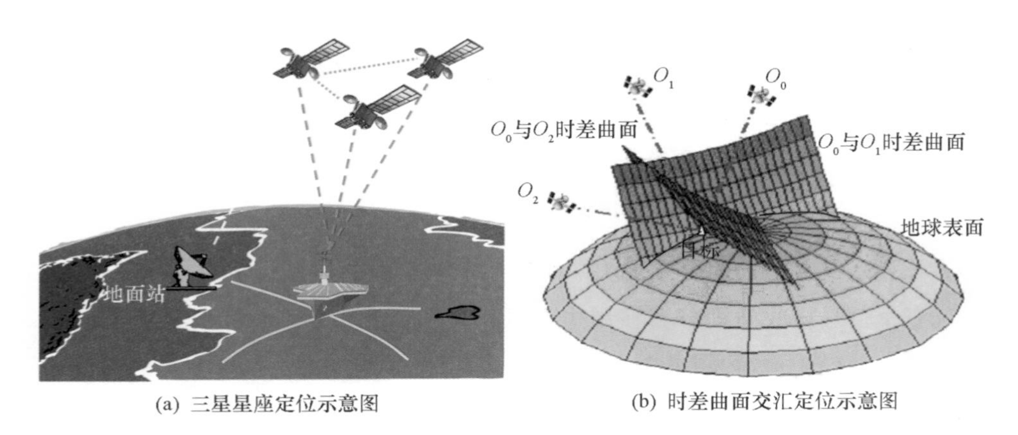

(a) 三星星座定位示意图　　(b) 时差曲面交汇定位示意图

图 2－34 三星星座时差定位原理

基于时差定位卫星侦察系统的典型代表是美国的“白云”（white cloud）系列海洋监视卫星系统。美国海军海洋监视系统（naval ocean supervisory system，NOSS）计划又称“白云”计划，该计划于20世纪60年代末开始启动，共发展了三代“白云”系列海洋监视卫星。此后，接替它的是“天基广域监视系统”（space-based wide area supervisory system，SBWASS）计划。目前使用的是“高级白云海洋监视卫星”（advanced white cloud ocean supervisory system，AWOSS）。美国的“白云”系列海洋监视卫星系统由美国海军研究实验室研制，系统星座是由一颗主卫星和三颗子卫星组成。其中子卫星在空间成直角三角形排列，分别截获对方雷达信号，根据雷达信号到达各卫星的时间差和雷达信号的特征参数，判明对方舰队（或陆上雷达）的位置、方向或速度，最后再根据事先掌握的雷达信号特征判明雷达类型。

2.2.5.3 单站无源定位技术

单站无源定位技术的基本原理是已知要定位的辐射源在某个平面或曲面上，然后由一个测向站测量该信号的俯仰角和方位角，决定一条示向线。在空间作图时，这一俯视角和方位角对应的示向线和已知的平面或球面将有一个交点，这就是辐射源的位置，如图2－35所示。主要的方法有单站仅测向（bearings-only，BO）方法、仅测频方法、组合方法等。

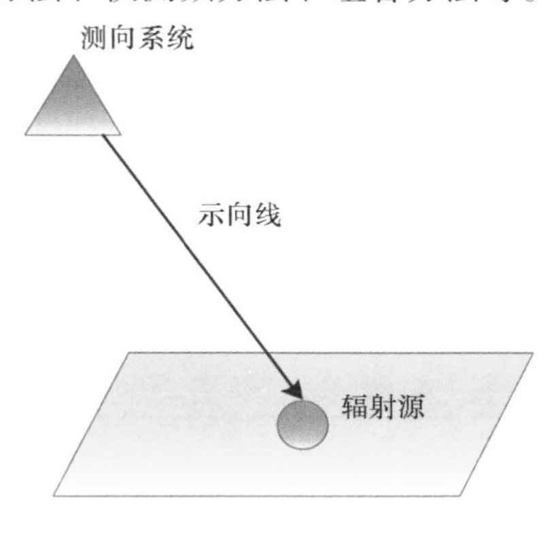

图2－35 单站无源定位原理示意图

单站仅测向方法是指仅利用方向测量信息来确定辐射源位置的无源定位方法，是研究得最多、最经典的单站无源定位技术。已有的单站无源定位技术研究包括可观测性研究、改善算法收敛性能的研究等，大都是围绕 BO 方法进行的。BO 方法定位的基本原理是三角测量法，即利用运动的单个侦察站在不同位置测得的目标方向角信息（每一个方向角对应于一条定位直线），运用交叉定位原理确定出目标辐射源的位置（这是指对固定目标定位；当目标运动时，“交叉”无法实现，定位过程实际上是对目标运动状态的估计或拟合）。

测向定位法的优点是只需要方向测量数据和侦察站自身位置数据，数据量小，数据处理手段也相对比较简单。该方法的缺点是定位精度对方向测量误差非常敏感，这就在客观上对测量设备提出了很高的要求。如果存在测量噪声，两条以上的方位线一般不会完全相交于一点。尤其是在较短的时间或较慢的载机速度情况下，载机的运动轨迹长度相比目标距离而言很小，测向线相交后产生的定位模糊区域较大，即定位误差大。

2.3 电子对抗侦察装备与应用

为了获得敌方目标的电磁参数、作战意图等方面的信息，为夺取战场主动权打下基础，各个国家广泛采用了多种电子对抗侦察装备，对敌或潜在对手实施全方位的电子情报侦察，这些侦察装备包括陆基电子对抗侦察站、机动电子对抗侦察车、海基电子对抗侦察船、空基电子对抗侦察飞机和天基电子对抗侦察卫星等。

典型的电子对抗侦察装备与系统包括以下几种：

2.3.1 地面侦察系统

这类装备有地面侦察站、投掷式电子侦察设备、机动侦察系统等。

美国在日本、德国、意大利等几个国家设有许多地面侦察站，日夜监视俄罗斯、古巴、伊拉克、朝鲜等国的雷达与通信等军事电子情报。将这些地面侦察站侦收的情报信息与卫星侦收的情报信息进行核对，可以确定对方军事电子装备与武器系统的类型、数量、性能和技术参数以及军事部署与调动等重要军事情报。在海湾战争中，美国在欧洲和中东地区设置了近40个地面侦察站，它们对伊拉克的雷达、通信和作战指挥控制系统进行了详细的侦察，对多国部队制订作战计划、实施作战行动提供了全面及时的情报支持，在战争的胜利中起到了关键作用。此外，部分地面侦察站由于战略预警的需要，要求侦察距离远、发现目标快、波段宽，以便在远距离上尽早发现各带雷达目标，而对于测量参数的准确度要求是不高的。但对于那些能判定雷达特点的少量参数（如脉冲重复频率）则要求能准确测定。此类远程侦察装备通常和远程雷达配合使用，构成严密的警戒网。

俄罗斯也大力发展陆基电子侦察系统。在2022年俄乌冲突期间，俄军利用“莫斯科－1”电子侦察系统对400千米范围内的北约飞机的机载雷达进行搜索和定位，根据威胁等级进行分类，并引导“克拉苏哈－4”等电子对抗系统对北约E－8C等预警机的雷达进行干扰，拒止其对俄军战场辐射源的探测。

投掷式电子侦察设备始用于越南战争，可以利用气球、火炮、火箭、飞机等运载工具将其投放到敌后军事要地，自动侦收和记录各种无线电信号、声音信号等，然后将其转发给侦察飞机、地面侦察站甚至电子侦察卫星。它们一般都有良好的伪装，如伪装成大石头、天线呈树枝状，很难被人发现。美国和俄罗斯陆军都很重视发展和使用投掷式电子对抗侦察设备。

各国军队还装备有大量的机动侦察系统用于电子侦察。美陆军共设3个军属远征军事情报旅，以及31个合成旅属军事情报连。其典型的机动侦察装备是“预言家”信号情报系统（AN/MLQ－44）。“预言家”整合了美陆军5种不同装备，具备提供全天候、近实时、机动式的战场信号情报侦察能力，能对150千米×120千米范围内敌方短波及超短波通信进行测向、定位和监听，并能实时标绘战场电子目标态势。

2.3.2 电子侦察飞机

电子侦察飞机分为有人驾驶侦察飞机和无人驾驶侦察飞机两种。

美国空军的 RF－4C、陆军的 RV－21 和 RV－1D 属于战术侦察机，巡航于中低空（3 000～6 000 米），确定重要威胁辐射源精确位置和测量技术参数等。陆军师级装备的 EH－60 和 EH－1 等电子侦察直升机，巡航于低空（3 000 米以下），侦察距离达 40 千米。

美国空军装备的 U－2 和 SR－71 型高空侦察飞机具有大纵深飞越敌方领空的能力。美国空军装备的 RC－135 和海军装备的 EP－3E 属于战略侦察机，巡航于高空，可侦获敌方大纵深范围内的电子情报。20 世纪 50 年代初，美国有关苏联境内雷达部署的情报很少。U－2 飞机是美国对苏联实施越界飞行搜集电子情报计划的产物。1955 年 7 月 29 日，原型飞机进行了首次飞行，飞行高度超过了 2 万米。在 1957 年至 1959 年期间，多次对苏联进行越界飞行。就当时的情况而言，苏联的防空武器无法攻击到这种高空侦察机，苏联防空部队唯一能做的反应是利用老式雷达跟踪入侵飞机，而其他雷达全部关机。这种情况一直持续到 1960 年。1960 年 5 月 1 日，一架 U－2 飞机在进入苏联约 2 100千米时被 SA－2 导弹摧毁。此后，艾森豪威尔总统下令不再使用这种飞机飞越苏联，取而代之的是电子侦察卫星。

RC－135 飞机是美国空军典型的电子侦察飞机，于 1967 年 4 月 1 日首次执行作战飞行任务，技术先进，功能强大。其沿敌对国家领空边缘遂行电子情报收集任务，能够进行 24 小时以上的超长时间侦察。目前主要装备的改进型侦察机是 RC－135V/W，如图 2－36 所示。RC－135V/W 可根据电子情报信息生成战场电子战斗序列，指出正在工作的辐射源及其位置，从而可以指示对方部队的位置和意图，并对有威胁的活动产生告警。通过对电子战斗序列的分析可识别敌方防空系统的薄弱环节，据此采取针对性的措施进行突防。RC－135V/W 可以广播话音信息，例如将敌方地空导弹准备发射的信息直接发送给处于危险之中的己方飞机。此外，RC－135V/W 还具有目标指示功能，即通过数据和话音链路将最新的目标信息传给地面防空部队，为导弹操作人员提供来袭飞机或导弹的精确位置。RC－135 历史悠久，参加过越南战争、海湾战争和伊拉克战争，至今仍活跃在美军多个海外军事基地。2018 年 4 月，美军 RC－135V 参加了空袭叙利亚的行动，为美军轰炸机提供支援。2022 年的俄乌冲突中，北约派出 RC－135V/W、RC－135U 等飞机在乌克兰周边进行密集侦察，为乌军提供大量目指信息。据报道，仅冲突爆发当天，有 2 架美军 RC－12X 侦察机、3 架美军 RC－135 战略侦察机、1 架美军 RQ－4 高空侦察无人机、1 架美军 P－8A 反潜巡逻机、1 架美军 E－8C 地面监视侦察机、2 架瑞典侦察机在战区上空侦察，实时发送东欧情势与乌克兰东部前线情况。

图 2－36　美国空军 RC－135V/W 电子侦察机

EP－3E 飞机是美国海军的电子侦察飞机，如图 2－37 所示。用洛克希德·马丁公司的 P－3C“猎户座”海上巡逻侦察机改装，设计的额定乘员为 20 人，其中 5 名为机组人员，另外 15 名为专业技术人员。其具有侦察雷达、通信、电子邮件、传真等电子信号的能力，装有先进的声音自动识别系统，识别辐射源的能力很强。这种声音自动识别系统功能强大，只要被侦察者通过无线电通信进行对话，系统便能查明通话者的身份，尤其是高层领导者的身份。美国依靠该系统，掌握了其他国家大量通信情报。只要截获对方的通话，这套系统就能自动删除杂音，然后通过与声音数据库相对照，识别通话者的身份，从而判断该情报的价值。EP－3E 侦察距离最远可达 740 千米，活动范围达3 000千米。

图 2－37　美国海军 EP－3E 电子侦察机

EP－3E 前机身下有一个圆形天线屏蔽器，如图 2－38 所示。安装在 EP－3E 飞机上的新型电子设备包括：ALQ－110 信号收集系统、ALD－8 无线电方向探测器、ALR－52 自动频率测量接收机、ALR－60 多路无线电通信录音装置等。这些飞机的任务是搜集、储存和分析由雷达和通信设备发出的信号（数据、语音、密码、脉冲）。

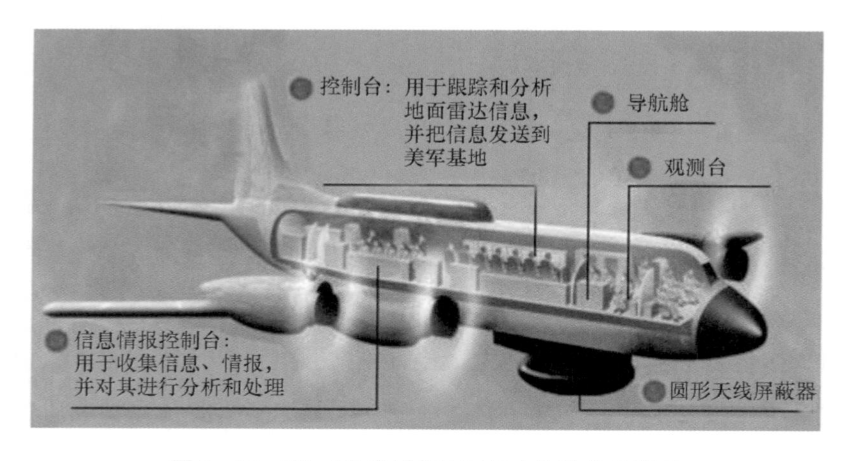

图 2－38　EP－3E 电子侦察飞机内部结构示意图

无人驾驶电子侦察机可以用于战略侦察和战术侦察。它相对于有人驾驶侦察机来说，具有成本低、体积小、发动机功率小、红外辐射少、不易被发现和击落等特点，而且机动灵活，既可用卡车运到没有机场的地方起飞，也可由运输机空运至前线发射。美国空军已在西太平洋的关岛部署最先进的高空长航时无人侦察机“全球鹰”。该型机编号为RQ－4，航程达5 400多千米，留空时间长达42小时，可以长时间对某区域目标实施电子情报侦察。另外，美军专门设有第432战术无人驾驶侦察机大队，装备有AQM－3M、AQM－34等无人驾驶电子侦察机。

2.3.3 雷达告警系统

雷达告警系统是机载自卫电子对抗装备的重要组成部分，是重要的电子侦察装备。其基本功能就是发现电磁威胁辐射源，测定其范围及信号特征，确定威胁等级，并引导启动相应的干扰措施。雷达告警系统的典型性能是：频率覆盖0.5～20吉赫兹，灵敏度为－35～70分贝，反应时间为0.1～1秒，最大信号处理脉冲密度为50万～100万个/秒等。近年来，雷达告警系统不仅可全射频、全方位覆盖，还可融合机上其他传感器信息，对威胁做出更准确的判断，引导选择最佳对抗措施，成为飞机防御系统的核心。例如，美国海军威胁告警与干扰控制系统AN/ALR－67（V）3，频率覆盖范围扩展到毫米波，具有更强的信号处理能力，更高的灵敏度和测向精度，可区分两个几乎同时到达的雷达脉冲。美国空军F－22装备的AN/APR－94是机载一体化传感器的重要组成部分，可提供全波段、全方位覆盖，探测、跟踪和识别距离可达460千米。该系统具有三种功能：一是对敌机载雷达侦察，先敌发现、跟踪并识别目标，当敌机到达200千米附近时，引导F－22的雷达以极窄波束进行探测，以最小的能量和隐蔽方式实现对目标的跟踪；二是分析威胁，自动引导和控制F－22机载有源和无源干扰系统采取对抗措施；三是针对近距离高威胁辐射源提供导弹攻击所需的信息，引导空空导弹实施打击。

2.3.4 电子侦察船

舰用和潜艇用侦察设备，用于发现带雷达的飞机和军舰，以便采取迂回、接敌、回避、下潜等战斗行动，对舰用和潜艇用侦察机的主要要求是快速发现各种雷达信号、测频、测向（定位），以便根据这些参数判定敌机敌舰的类型甚至舰名。

俄罗斯海军的电子侦察船可与海洋上的舰艇和太空的侦察卫星联网传输，可将处理后的情报信息通过卫星传送到莫斯科海军司令部。此外，俄罗斯电子侦察船通常伪装成各种“拖网渔船”“商船”“科学考察船”等，在各大洋与海域进行侦察活动。侦察船有很多优点，它可以长时间停留在敌方海域附近或尾随跟踪敌方舰艇，可装有多种侦察设备，及时侦收、记录、分析敌方军事情报。

2.3.5 电子侦察卫星

美国非常重视侦察卫星的发展，卫星侦察已成为美国全球战略侦察的重要手段。美国每时每刻都在利用卫星监视和搜集世界各地的情报信息。电子侦察卫星（如图2-39所示）具有很多的优点，如侦察覆盖面积大、侦察范围广、侦察“合法化”等。

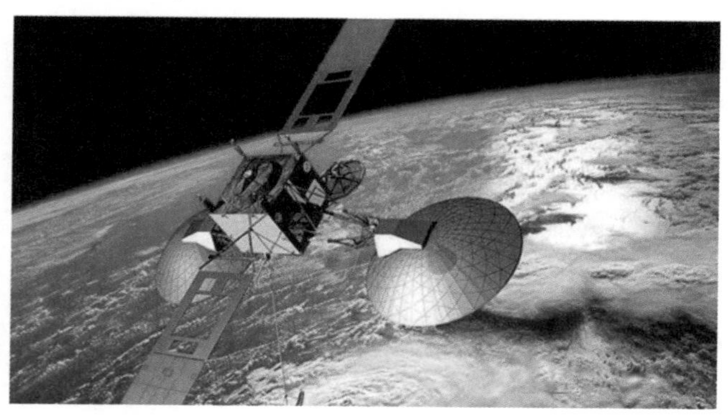

图2-39 电子侦察卫星

电子侦察卫星通过装备电子侦察接收机，截获和接收跟踪敌方雷达、通信、导弹遥测等信号，掌握敌方军事部署、电子系统特性等情报。

美国的电子侦察卫星从 20 世纪 60 年代至今已经发展到了第五代，先后发射了低轨道型、地球同步轨道型、大椭圆轨道型等电子侦察卫星（见表 2－5），在卫星的数量、类型、技术性能以及应用等诸多方面均代表着当今世界的最高水平。美国曾制订了“综合化过顶信号情报体系结构”计划，希望用更多的小卫星组成更大的星座，以代替大卫星，覆盖全球，提高重访次数；但由于资金问题，美国最终放弃了该计划，转而对现有的电子侦察卫星进行改进。目前在轨道上工作的主要是第四代和第五代卫星。

表 2－5　美国电子侦察卫星发展历程

<table>
<tr><th colspan="2">类型</th><th>20 世纪
60 年代</th><th>20 世纪
70 年代</th><th>20 世纪
80 年代</th><th>20 世纪
90 年代</th><th>2000 年后</th></tr>
<tr><td rowspan="2">地球同步
轨道</td><td>通信情报</td><td></td><td>峡谷</td><td>小屋、漩涡</td><td>高级漩涡、
水星</td><td rowspan="2">入侵者</td></tr>
<tr><td>电子情报</td><td></td><td>流纹岩</td><td>大酒瓶</td><td>门特</td></tr>
<tr><td>大椭圆
轨道</td><td>电子情报</td><td></td><td colspan="2">弹射座椅</td><td>喇叭</td><td>徘徊者</td></tr>
<tr><td rowspan="3">低轨道</td><td>普查型</td><td colspan="3">雪貂－B</td><td rowspan="2">雪貂－D</td><td rowspan="3">海洋监视－3</td></tr>
<tr><td>详查型</td><td colspan="3">雪貂－A</td></tr>
<tr><td>混合型</td><td>银河辐射
背景</td><td>海洋
监视－1</td><td>海洋
监视－1A</td><td>海洋监视－2</td></tr>
</table>

根据卫星运行轨道的不同，电子侦察卫星可以分为中低轨电子侦察卫星和高轨电子侦察卫星。

2.3.5.1　中低轨电子侦察卫星

中低轨电子侦察卫星距地面几百至几千千米，能够侦察各种无线电信号和雷达脉冲信号，且具有定位功能，但对地面同一地点的重访周期较长，可能达到几天或一周多。从60年代到目前先后发展了“掠夺”(Grab)、“侦探”（Ferret)、“海军海洋监测系统”（NOSS)、“星基大范围监测系统”(satellite-based wide area supervisory system，SB-WASS)、“白云”海洋监视卫星星座等卫星系列。美国的“白云”海洋监视卫星星座是最典型的低轨道电子侦察卫星系统，主要利用电子侦察和时差定位技术监视海上军事目标，掌握航空母舰编队和各类舰只的动向。到目前为止共发展了三代。卫星除无线电侦收设备外，还可能装有红外传感器，用以跟踪潜航的核潜艇，探测它们的热水尾流和低飞导弹。从第二代起，信号侦察频率范围扩展到超高频的厘米频段。第三代卫星从2001年开始发射，系统有较大改变，从早期的三星组网变为双星组网。“白云”海洋监视卫星能探测接收3 500千米远的海上舰船发射的信号。“白云”卫星的后续计划称为“天基广域监视系统”，最初包括两个系统，即“海军天基广域监视系统”和“空军与陆军天基广域监视系统”，后合并为“联合天基广域监视系统”计划，其卫星称为“奥林匹克”卫星。该计划兼顾空军的战略防空需求和海军的海洋监视需求。第一代“白云”卫星自1976年至1980年共发射3组，运行高度为1 090~1 130千米,倾角为63. 5°；1983年到1986年，又发射了5组第一代改进型卫星，其运行高度为1 060~1 180千米，倾角为63. 4°。第二代于20世纪90年代开始发射。第三代于2001年开始发射，系统从三星组网变成双星组网。“白云”系列主要用于侦察、定位战略目标，为美军提供海上和部分陆上信号情报保障。

俄罗斯目前主要使用的第四代电子侦察卫星，具备较强的星上信息处理能力，能将侦察数据实时地经地球同步轨道中继卫星中继给俄罗斯境内的地面接收站。苏联及俄罗斯电子侦察卫星发展情况见表2-6。

表2-6 苏联及俄罗斯电子侦察卫星发展情况

轨道与任务		20世纪60年代	20世纪70年代	20世纪80年代	20世纪90年代	2000年后
低轨道	第一代	型号不详				
	第二代	处女地-O/OK				
	第三代		处女地-D			
	第四代			处女地-2		
	海洋监视		US-P 电子型海洋监视		US-PM 电子型海洋监视	

法国于1995年和1999年先后发射了“樱桃”和“克莱门汀”电子侦察技术试验卫星。同时，法国还在“太阳神”系列卫星上安装电子情报组件。2004年12月18日，法国又发射了4颗名为“蜂群”的电子情报侦察小卫星，卫星运行在680千米的轨道上，彼此相隔30千米，呈菱形分布，编队飞行，从轨道上能够监听下方5 000～6 000千米宽条带内的无线电和雷达信号。“蜂群”卫星的任务是侦察任何新出现的通信信号活动，对可能的军事行动做出预警，但只能对一个发射源跟踪10分钟，不能对特定区域的电子信号实施详查。

2.3.5.2 高轨电子侦察卫星

高轨电子侦察卫星主要指地球同步轨道电子侦察卫星和大椭圆轨道电子侦察卫星。地球同步轨道电子侦察卫星可以24小时不间断地侦收地球上同一大面积区域内的雷达、通信和测控等信号，因此成为近年来电子侦察卫星发展的重点方向。由于卫星与地面距离遥远，到达信号极其微弱，因此需要解决高增益的接收天线和高灵敏度的接收机等关键技术。高轨电子侦察卫星一般采用大口径的反射面天线，展开后天线直径达几十米，甚至上百米，以此来获得对极其微弱的信号的高增益接收能力。

同步轨道电子对抗侦察卫星主要有美国的“漩涡”和“大酒瓶”等。“漩涡”主要用于截获外交、军事通信信号，雷达信号和新型导弹试验用测控信号。“大酒瓶”对于超高频信号具有较强的信号处理能力，用于截获导弹测控信号、雷达信号、微波通信和无线电话等。

对于高轨道信号情报系统，其地面段主要由3个大型地面站组成：位于澳大利亚艾丽斯斯普林斯的Pine Gap站、位于英国威斯希尔的Harrowgate站和位于美国马里兰州NSA总部的Fort Meade站。这些地面站用来控制信号情报卫星并负责接收、处理数据。三大地面站之间用保密通信卫星连接，但机密资料通常用军用飞机直接从澳大利亚运往美国。高轨道信号情报系统中最大的地面站是Pine Gap站，于20世纪60年代末建成。目前该地面站有8个置于天线罩下的天线，口径从2米到3米不等。Pine Gap站的设施由美国和澳大利亚官方共同维护、使用，其对外名称为“空间研究联合防务设施”。但是据西方媒体称，主要的信息处理任务由中央情报局专家完成，澳方人员大多只做一些辅助工作，不会接触到所有被截获的数据。技术大楼内分布的设备用来控制星上仪器，截获的无线电数据用IBM和DEC的计算机进行预处理。更详细的数据处理工作则在国家安全局和中央情报局中心进行。例如，加密通信数据的解密就在美国米德堡(“信号情报城”)利用克雷超级计算机进行。

美国在1997年11月7日发射的“号角”卫星是第四代大椭圆轨道信号情报侦察卫星。卫星重5~6吨，轨道远地点为37 000千米，近地点为几百千米。其最引人注目的是星上所载大型宽频带相控阵侦收天线，据公开资料报道，其展开后直径约为91.4米。这种大型天线可同时侦收地面几千个信号源，包括俄罗斯军事部门与其核潜艇间的通信。此外，美国目前正在使用的高轨道电子侦察卫星还包括第五代的“入侵者”地球同步轨道电子侦察卫星和具备一定隐身性能的“徘徊者”大椭圆轨道电子侦察卫星。

2.3.5.3 微纳卫星群

大卫星功能复杂、体积巨大、成本高昂、研发周期长。而相比之下，微纳卫星结构简单，设计制造要求均较低，从技术层面大大降低了难度。同时由于体积小、质量轻，既可以用发射大卫星的剩余能力进行搭载发射，也可以选择用一箭多星发射，甚至可以在轨部署，这提供了更多的发射机会。因此，微纳卫星已经成为西方国家的重要发展方向，通过微纳卫星搭载电子对抗装备特别是电子侦察系统是各个国家的发展重点。

卫星小带来的另外一个优势就是便于组网，由于成本低可以大量发射，形成侦测网提高对地侦察的连续性。星载 AIS 就是典型应用。美国的轨道通信公司着力发展星载 AIS 技术，在 2012 年前已发射 2 颗具有星载 AIS 功能的卫星，并计划发射另外 18 颗具有 AIS 功能的卫星，从而实现对全球船舶的航运监测。

美国的低轨卫星星座发展迅速，除“星链”之外，美国国防高级研究计划局资助的“黑杰克”是一个低地球轨道卫星星座项目，其旨在开发并演示一种能够覆盖全球且应对一系列新型威胁的卫星星座，为美国国家安全提供更迅速、更早期的预警。该星座凭借数量优势，具有良好的弹性，即使一颗卫星失效，整个卫星网络仍然可以持续不断地运行。2022 年开始发射演示验证卫星，蓝色峡谷科技公司和通信卫星公司负责卫星平台，雷声公司提供导弹预警有效载荷，洛克希德·马丁公司负责卫星集成。

澳大利亚开展了“小型化轨道电子对抗传感器系统”（miniaturised orbital electronic countermeasures sensor system，MOESS）项目，旨在为澳大利亚提供首次自主研发的天基电子对抗能力。该项目计划打造由 20 颗立方体卫星构成的星座，通过搭载各种传感器和监视设备来检测射频信号，以获得舰船和飞机的活动轨迹。

第3章 电子进攻

> 如果发生第三次世界大战，获胜者必将是善于控制和运用电磁频谱的一方。
>
> ——美国前参谋长联席会议主席、海军上将托马斯·H. 穆勒

电子进攻是为影响敌方电磁频谱有效使用而实施的主动攻击行动，主要包括电子干扰、反辐射攻击、定向能攻击等手段，用于阻止敌方有效利用电磁频谱，使敌方不能有效获取、传输和利用电磁信息，影响、迟滞或破坏其指挥决策过程，抑制精确制导武器效能的发挥。

电子进攻已不仅限于传统意义上的电子干扰“软杀伤”手段，还包括高能激光、高功率微波、粒子束等定向能对电子设备的毁伤，以及利用反辐射攻击武器对敌方辐射源设备设施和人员实施“硬摧毁”的手段。

根据电子进攻对象的不同，电子进攻主要分为雷达电子进攻和通信电子进攻等。其中，隐身也属于电子进攻的范畴。

3.1 电子干扰

3.1.1 基本概念

· 名词解释

–电子干扰–

电子干扰是利用辐射、散射、吸收电磁波或声波能量，来削弱或阻碍敌方电子设备使用效能的战术技术措施。

电子干扰的本质是通过制造干扰信号，使其与有用信号同时进入敌方电子设备的接收机，从而使得敌方电子信息系统不能正常工作。

制造干扰信号的方法有三种：一是辐射，主要通过有源手段主动发射干扰信号；二是散射，主要通过无源手段对雷达信号进行散射来产生干扰；三是吸收，主要通过吸收雷达波的方式降低回波能量，从而对雷达实施干扰，此类方式对应于隐身，将在3.4节中详细介绍。下面介绍的电子干扰以辐射和散射电磁波能量为主。

按照干扰的作用性质，电子干扰分为压制干扰和欺骗干扰两大类。按照干扰的能量来源，电子干扰分为有源干扰和无源干扰两大类。其中，有源压制干扰是使用干扰发射设备发射大功率干扰信号，该信号进入敌方雷达、通信、光电等电子信息系统，使其接收机过载或饱和，或者有用信号被干扰信号遮盖而无法正常工作。无源压制干扰主要用来压制雷达和光电设备。对雷达的无源压制干扰是在空中大量投放箔条等无源干扰器材，形成干扰屏障或干扰走廊，掩护己方目标。这些无源干扰器材在雷达的照射下形成大量反射或散射回波进入雷达接收系统，遮盖住目标的雷达反射回波，扰乱雷达对目标的发现。

按照战术使用条件，电子干扰具有支援干扰和自卫干扰两种形式。支援干扰又可分为远距离支援干扰和随队支援干扰。以航空兵突破敌方防空系统作战为例，实施远距离支援干扰通常在敌方火力范围之外对敌警戒引导雷达和地－空导弹制导雷达实施压制干扰，掩护处于敌方火力范围内的己方攻击战斗机完成既定任务。随队支援干扰指干扰飞机伴随攻击飞机一起进入作战区域，对敌方防空雷达实施较近距离的干扰，掩护作战飞机的作战行动。不同作战目标和不同战术应用的需要，催生出多种电子干扰技术和装备。自卫干扰是作战平台在受到敌方目标威胁的情况下，利用本平台所装备的干扰设备对敌方目标实施干扰，以保护平台自身安全。

3.1.2 雷达干扰

· 名词解释

－雷达干扰－

雷达干扰（radar jamming）是利用雷达干扰设备或器材辐射、散射（反射）或吸收电磁能，破坏或削弱敌方雷达对目标的探测和跟踪能力的电子干扰措施。

常规雷达由发射机、接收机，以及收发共用的天线组成。接收机采用匹配滤波接收目标回波，判断目标的位置和速度，并跟踪目标。而雷达干扰机发射压制干扰或欺骗干扰信号，阻止敌方雷达对己方目标的探测和跟踪，如图 3－1 所示。

3.1.2.1 雷达有源干扰

雷达有源干扰是用电子设备产生射频信号扰乱或阻断敌方雷达对目标的探测和跟踪。根据干扰效果，可以分为雷达压制干扰和雷达欺骗干扰。数字

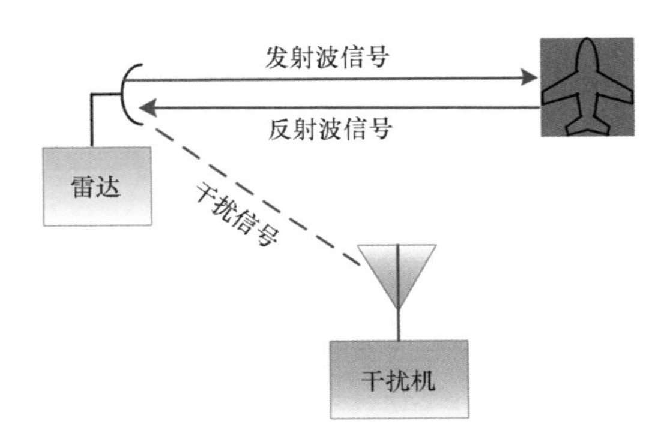

图3-1　雷达干扰示意图

射频存储干扰和诱饵是实施雷达有源干扰的主要技术体制。

1. 雷达压制干扰

雷达压制干扰是从外部进入雷达接收机的噪声或近似于噪声的干扰信号，用来淹没目标的回波信号，以阻止雷达接收机从回波信号中获取目标信息。压制干扰又被称为噪声干扰或遮蔽干扰，如图3-2所示。

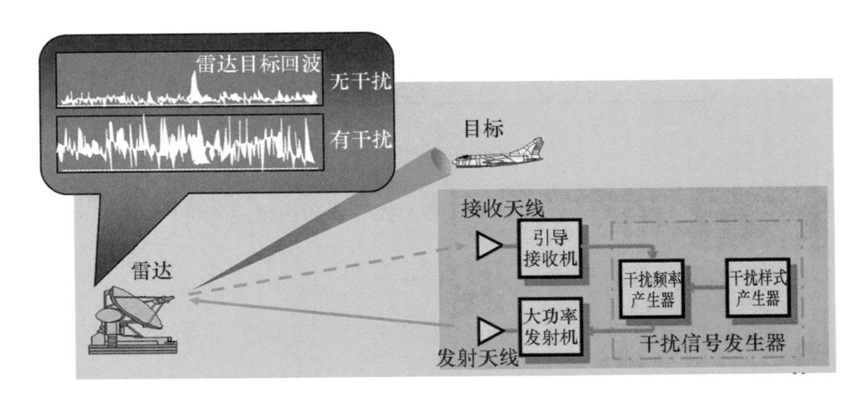

图3-2　雷达压制干扰示意图

在大多数情况下，发射机的干扰带宽要比雷达接收机带宽宽，而在雷达接收带宽之外的干扰功率不会对雷达的工作产生影响，因此干扰信号和雷达的带宽比也将影响到干扰的效果。如图3-3所示，压制干扰分为以下几类：

阻塞式干扰（barrage jamming）。阻塞式干扰即干扰的频谱宽度远大于

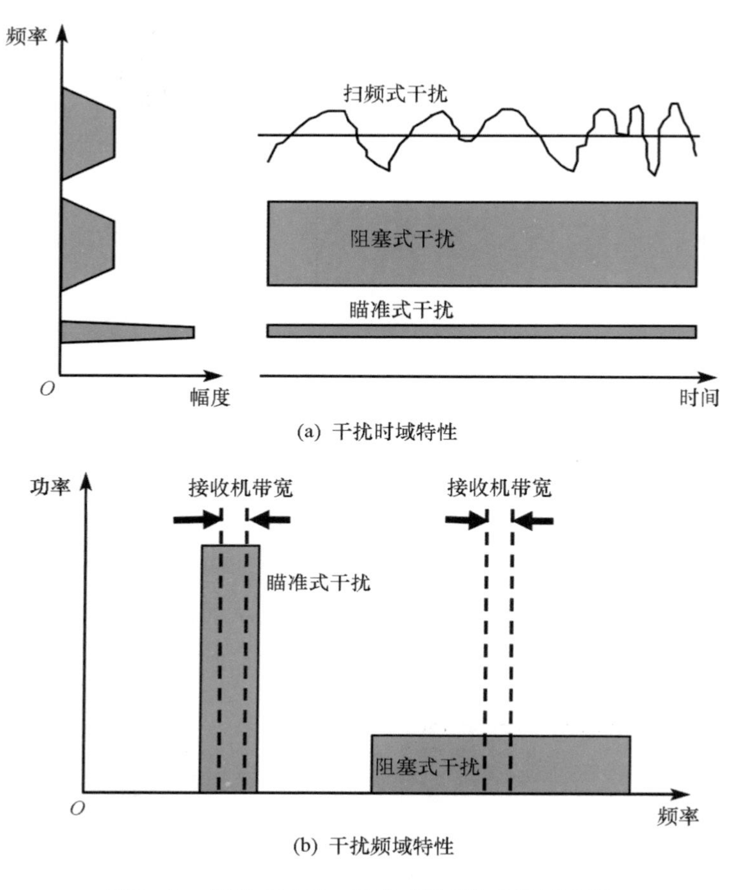

图 3－3　阻塞式干扰、瞄准式干扰和扫频式干扰

雷达接收机的带宽，一般要满足 5 倍以上的关系。由于阻塞式干扰带宽相对较宽，故对频率引导精度的要求低。阻塞式干扰能同时干扰波段内几部不同工作频率的雷达，也能干扰频率分集和频率捷变雷达。阻塞式干扰的另一优点是设备简单，只需要关于雷达工作频率范围的信息，在干扰过程中不需重调干扰机的频率。阻塞式干扰的主要缺点是干扰功率分散。

瞄准式干扰（spot jamming）。瞄准式干扰带宽和接收机带宽是同一数量级，一般满足 2～5 倍的关系。瞄准式干扰必须有精确的频率引导，将干扰频率对准雷达接收频率。瞄准式干扰的优点是能量集中，能产生很高的功率密度。缺点是干扰带宽较窄，每一时刻通常只能干扰一部固定频率的雷达，并且由于频率引导产生的时间延迟，难以对频率捷变雷达和频率分集雷达进行干扰。

扫频式干扰（sweep jamming）。扫频式干扰具有窄的瞬时干扰带宽，但其干扰频带能在宽的频率范围内快速而连续地调谐。扫频式干扰具有阻塞式干扰和瞄准式干扰的优点，功率集中，能在宽带内干扰几部频率不同的雷达。

2. 雷达欺骗干扰

雷达欺骗干扰是从外部进入雷达接收机的伪造的回波信号，与真实的目标回波信号混淆在一起使雷达对目标的距离、方位和速度等参数产生误判。

不同雷达获取目标距离、角度和速度信息的原理不尽相同，但都与雷达发射信号波形紧密相关，且均是从回波信号与发射信号的时延、振幅、频率与相位信息中提取。因此，实现欺骗干扰必须准确地掌握待干扰的雷达发射信号波形参数以及其获取目标参数信息的具体过程，从而制造出“逼真”的假目标信号，达到预期的干扰效果。

根据干扰所针对的雷达参数，对跟踪雷达的欺骗干扰主要分为距离欺骗、速度欺骗和角度欺骗。

（1）距离欺骗

跟踪雷达能够实现对目标距离的连续跟踪测量，它的距离跟踪回路如图3－4所示。接收机预测目标回波的位置，以该位置为中心，产生前后跟踪波门；分别将前后跟踪波门与目标回波信号相与、积分、求差，得到回波与跟踪波门的位置差；将该位置差作为误差信号来调整跟踪波门的位置，使其中心与回波中心重合。跟踪波门以此方法来跟踪目标回波，如图3－5所示。

前后跟踪波门的宽度一般来说在跟踪方式下约为一个脉宽，除了目标回波落入跟踪波门内，其他回波均被跟踪电路拒之门外，这就防止了虚假信号对距离跟踪造成干扰。但在截获或重新截获工作方式下也可以增至几个脉宽宽度。然而，上述测距原理也为欺骗干扰机提供了距离波门拖引干扰的可能性。

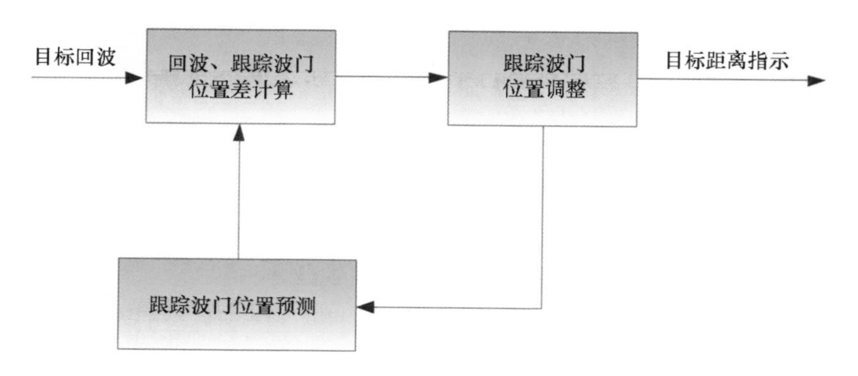

图 3－4　脉冲雷达距离跟踪回路

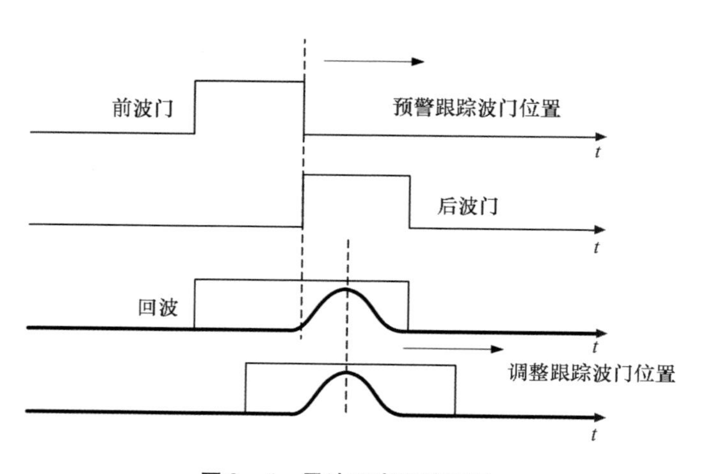

图 3－5　雷达距离跟踪原理

首先，干扰机发回一个雷达回波的放大的复制干扰信号，使雷达自动增益控制电路调整到较强的干扰信号上，导致干扰信号捕获了雷达跟踪回路。然后，干扰信号以连续递增的速度增大时间延迟，使雷达的跟踪波门逐渐远离真正的目标。在合适的时间，停止干扰信号，造成雷达丢失目标，最后测得的目标位置产生很大的误差，如图 3－6 所示。这种欺骗干扰方式称作距离波门拖引（range gate pull-off，RGPO），它的目的是阻止雷达获得目标的准确位置信息，使雷达判断目标的位置远大于真实的位置。在实施距离波门拖引干扰时，必须考虑干扰机拖引跟踪波门的速度。距离波门拖引主要用于自卫干扰，显然，拖引速度越快，自卫效果越好。但是，如果拖引速度超过了雷达的最大跟踪速度，干扰就失效了。因此，必须事先了解或判断被干扰雷达可能的最大跟踪速度，确定合适的拖引速度。

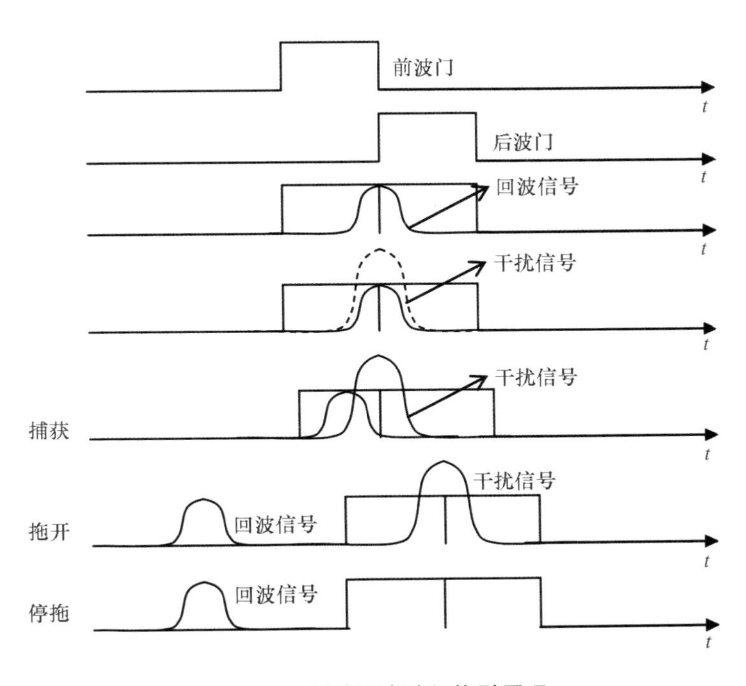

图3－6　雷达距离波门拖引原理

（2）速度欺骗

当雷达与其照射的物体（如目标、地物、地面、海面等）间存在相对运动时，由被照射物体反（散）射的雷达脉冲的射频会发生变化。这种变化被称为多普勒频移，其大小和雷达与物体间的相对运动速度有关。以机载雷达为例，机载雷达不仅与目标存在相对运动，而且与地物、地面、海面也存在相对运动。相应地，机载雷达辐射的电磁脉冲由以上不同物体反射后其“多普勒频移”一般各不相同。因此，从频谱上看，雷达辐射脉冲是单一射频的频谱，而接收的反射脉冲却是有多个不同射频的频谱，如图3－7中的地杂波、目标回波。

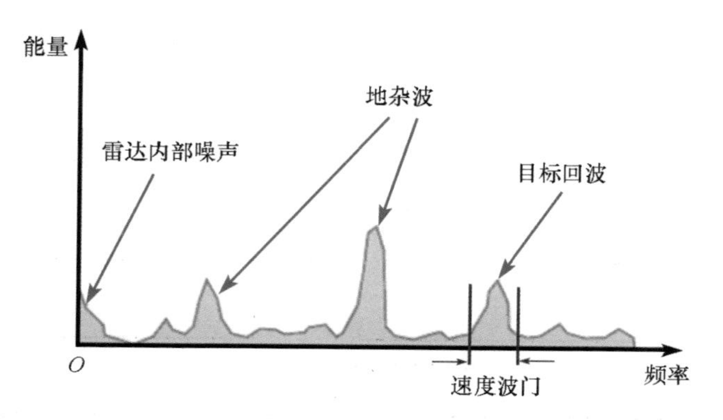

图 3-7　雷达回波信号频谱

如果干扰机在转发的目标信号上调制一个伪多普勒频移，用于模拟真实目标的多普勒特征，就会使干扰信号进入雷达速度跟踪波门。由于干扰信号的功率大于真实目标回波的功率，雷达自动增益电路调整到干扰信号上。然后干扰信号的多普勒频率逐渐远离真实目标的多普勒频率，拖引雷达速度跟踪波门逐渐远离真实目标。在合适的时间停止干扰信号，造成雷达丢失目标，雷达将重新进入搜索状态，这就是速度波门拖引（velocity gate pull-off，VGPO），如图 3-8 所示。

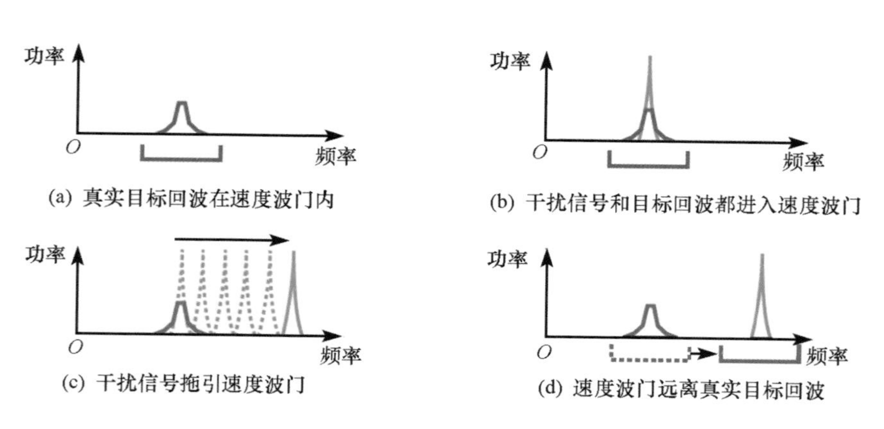

图 3-8　雷达速度波门拖引原理

同样，在实施速度波门拖引时，必须确定合适的拖引速度。最大的拖引速度取决于雷达速度跟踪电路的设计。相对安全的方法是判断雷达所跟踪目标的主要类型，目标相对于雷达的最大加速度，一般不是出现在直线加速方向，而是出现在转弯过程。因此，目标最大的转弯速率一般是设计雷达跟踪电路的依据，也是实施速度波门拖引欺骗的依据。

（3）角度欺骗

距离拖引欺骗和速度拖引欺骗只能在有限程度上破坏雷达对目标的跟踪，敌方雷达依然能够获得准确的角度跟踪数据。因此，为了使欺骗干扰有效，必须同时使用角度欺骗技术。与距离欺骗技术不同，角度欺骗技术和它所要干扰的雷达体制关系十分密切，必须针对不同的雷达采取不同的技术。常用的雷达角度跟踪体制有：圆锥扫描（conical-scan）雷达、隐蔽锥扫（hidden conical-scan）雷达、边扫描边跟踪（track-while-scan，TWS）雷达和单脉冲（monopulse）雷达等。

对圆锥扫描雷达的干扰。圆锥扫描雷达的最大辐射方向偏离天线旋转轴一定的夹角，当波束以一定的角速度绕旋转轴旋转时，波束最大辐射的主瓣方向将在空间画出一个圆锥，故称为圆锥扫描雷达。波束在做圆锥扫描的过程中，天线旋转轴方向是等信号轴方向，当天线旋转轴对准目标时，接收机输出的回波信号为一串等幅脉冲。如果目标偏离天线旋转轴方向，但依然在主波束方向内，随着波束的旋转，接收到的目标回波信号幅度被正弦调制，目标偏离的大小和方向就包含在调制波形的幅度和相位之中，如图3－9所示。目标越接近天线旋转轴，回波信号正弦调制幅度越小。根据回波的正弦调制幅度和相位，雷达调整天线旋转轴方向，使其靠近目标。如果干扰机产生的干扰信号使圆锥扫描正弦调制信息消失或扰乱，则能够有效破坏角跟踪。一种有效的方法就是将一个倒相的幅度调制合成到目标回波信号上，迫使雷达角跟踪电路中的角度跟踪偏离目标真实的角位置。实现这一效果的干扰技术称为逆增益干扰。对于圆锥扫描雷达，理想的逆增益干扰方式是转发雷达信号，但在幅度上进行调制，使它的增益与接收的雷达信号的幅度成反比。实际干扰机中常用倒相方波代替倒相正弦波，称为倒相方波干扰。对圆锥扫描雷达的逆增益干扰——倒相方波干扰如图3－10所示，干扰机的干扰脉冲与雷达脉冲同步，干扰机发射倒相方波信号的周期与雷达天线圆锥扫描周期同步，且倒相方波信号就在回波信号最弱的时间发射。大功率的干扰信号与真实的目标回波信号合成后的信号，与真实回波信号相比，信号中的强弱关系颠倒了，产生 180°的相移，迫使雷达天线离开目标而不是朝向目标偏移。如果雷达天线离开目标足够远，雷达角度跟踪回路被破坏，雷达将重新进入搜索捕获过程。

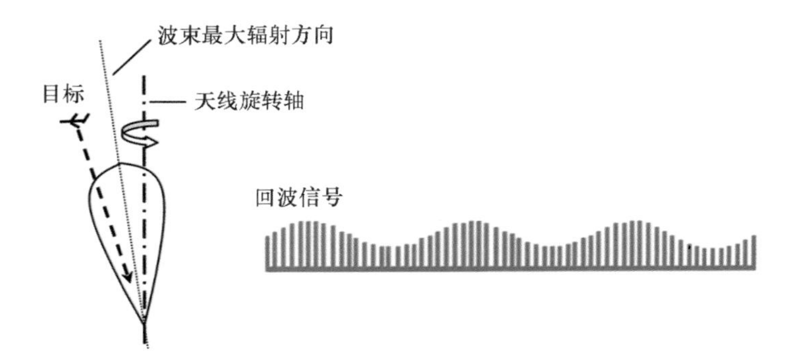

图 3 – 9　圆锥扫描雷达的正弦调制回波信号

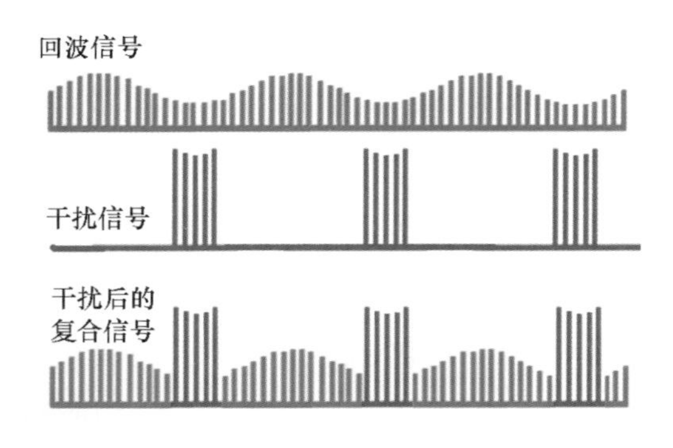

图 3 – 10　对圆锥扫描雷达的逆增益干扰

对隐蔽锥扫雷达的干扰。逆增益技术对付圆锥扫描雷达的有效性，导致隐蔽锥扫雷达的出现。如图 3 – 11 所示，隐蔽锥扫雷达发射信号照射目标时，天线保持不动，此时目标上的干扰机接收到的信号是一串等幅脉冲，干扰机无法判断雷达的扫描周期或扫描周期中最弱信号出现的时刻；雷达接收回波时，天线进行圆锥扫描，接收到的信号经过正弦调制，获取到目标的角度偏离信息。对隐蔽锥扫雷达，由于无法获取雷达锥扫周期，干扰机发射倒相方波信号的周期需要在一定范围内“滑动”（如图3－12所示），合成的回波信号一般不会保持180°的相位误差。干扰方波信号按照其周期（角频率）滑动的方式主要有随机方波、扫频方波和扫频锁定等。

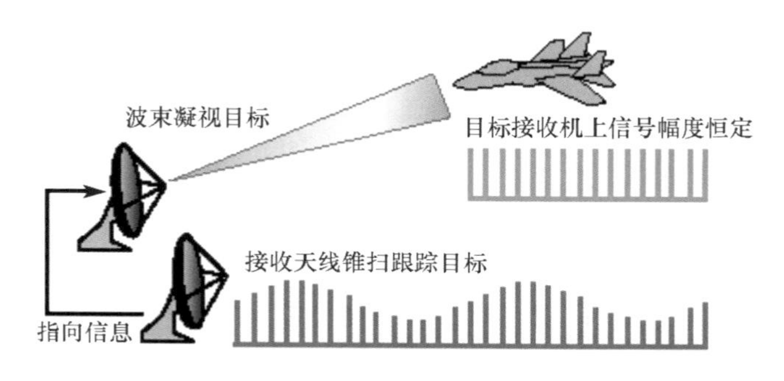

图3－11　隐蔽锥扫雷达的回波信号

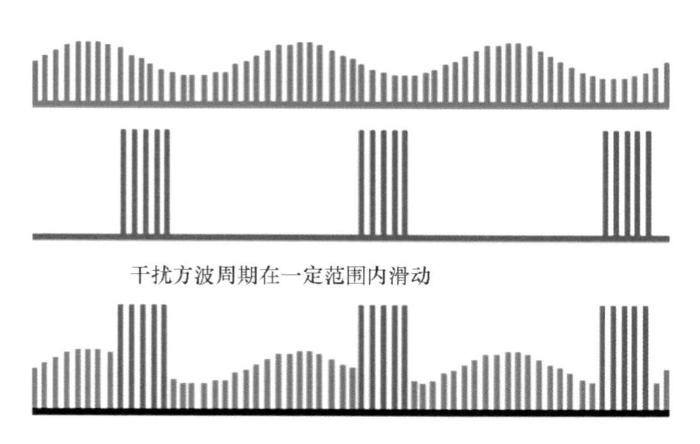

图3－12　对隐蔽锥扫雷达的逆增益干扰

对边扫描边跟踪雷达的干扰。 连续跟踪雷达一般指连续跟踪单个目标的雷达系统，而边扫描边跟踪雷达是在天线等速旋转状态下对指定空域中的多个目标进行离散跟踪的雷达系统。这种雷达兼备搜索和跟踪功能，可用单个笔形波束以光栅方式覆盖一个矩形区域进行扫描，也可以用两个正交的扇形波束进行扫描，一个扫描方位，另一个扫描俯仰。连续跟踪雷达和边扫描边跟踪雷达的区别是：连续跟踪雷达的角误差信号通过闭环伺服系统控制波束指向；边扫描边跟踪雷达不采用闭环方式，而是根据回波信号的质心来测量角度，如图 3－13 所示。干扰机发射的干扰方波信号周期与雷达扫描周期同步，套住雷达角度波门；然后以一定的速率改变干扰方波周期，雷达的角度波门将被拖引离开真实目标。适当时候，停止干扰，雷达将丢失目标。对边扫描边跟踪雷达的这种方波干扰技术又称为角度波门拖引干扰。

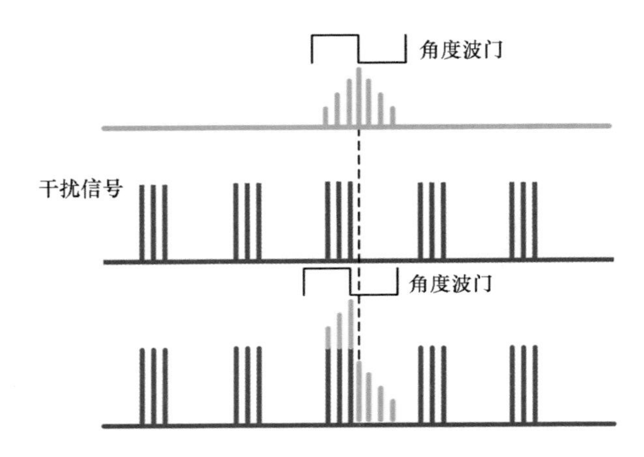

图 3－13　方波干扰使得雷达角度波门偏离目标真实角度

对单脉冲雷达的干扰。单脉冲跟踪雷达只在一个脉冲内就能完成角误差测量，因而不受逆增益干扰这类振幅随时间变化的幅度调制干扰的影响。所以干扰单脉冲雷达的角跟踪系统更加困难。前面所介绍的一些欺骗干扰方法，若用作对抗单脉冲雷达的自卫干扰，甚至会增强雷达的跟踪效果。对单脉冲雷达的干扰技术一般可以分为两类：第一类是多点源干扰。它要求将两部以上的干扰机在角空间上分开布置，同处于一个角分辨范围内。这些干扰源可以是相干的，也可以是非相干的。对于两个这样的干扰源，单脉冲测角总是指向两个干扰源的能量中心，而不指向其中任何一个，从而达到引偏的目的。第二类是利用单脉冲雷达设计缺陷生成干扰，如交叉极化干扰等。

3. 数字射频存储干扰

数字射频存储（digital radio-frequency memory，DRFM）能捕获和存储不同的雷达信号和特殊调制的信号波形，通过数字化原始信号实现精确复制，再加上适当的延时和处理（频移或其他变换），能实现各种欺骗干扰。其主要过程如图3－14所示。

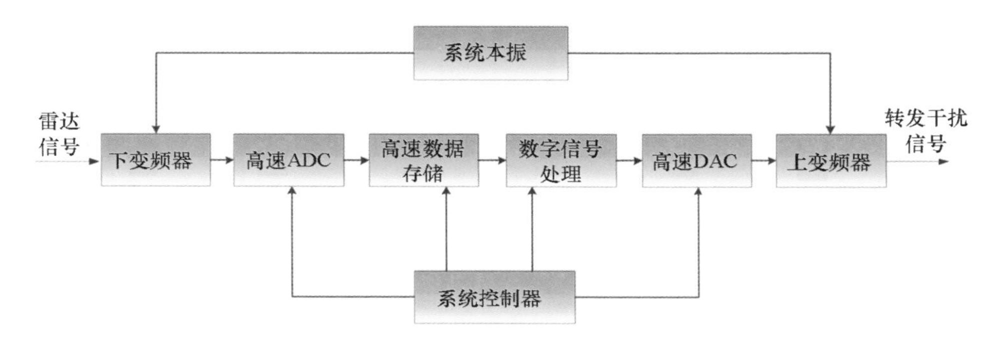

图3－14　DRFM干扰原理

DRFM最核心的特点是干扰信号与接收到的目标雷达信号是相参的，即二者的载波相位关系是确定的。随着高速数字器件的发展，越来越多的先进干扰系统采用DRFM方案。

DRFM干扰的优点包括以下几点：

相参干扰特性。因为DRFM技术能够将目标雷达信号几乎无失真地复制下来，使得基于DRFM的雷达干扰系统产生的干扰波形能够在雷达端获得与回波同样高的处理增益，为干扰相参雷达（如脉冲压缩雷达、脉冲多普勒雷达等）提供支撑。

高效实现距离、速度波门欺骗。DRFM技术对每个接收到的雷达脉冲信号实施延迟，可以直接产生距离波门拖引干扰波形，并可以精确控制延迟和输出脉宽。当需要改变信号频率时，可通过直接数字式频率合成器（direct digital synthesizer，DDS）直接产生数字频率使得干扰获得对应的多普勒频移，实现速度波门拖引。

具有产生多个假目标的能力。DRFM具有在较长的时间内转发相参和非相参脉冲的能力。在所关心的时间内，能保证单目标、多目标的相参复制和相参距离波门拖引技术的实现。

灵活的管理和控制。DRFM 干扰一般采用数字信号处理（digital signal processing，DSP）和中央处理器（central processing unit，CPU）作为控制中心，可以灵活进行功率管理，实现不同干扰波形的快速生成，以及不同干扰方式灵活有效的控制。

影响 DRFM 干扰应用的核心是对雷达波形接收的保真度，主要由以下因素决定：

瞬时带宽和工作带宽。瞬时带宽即基带处理器的宽度，由采样率（系统时钟）所决定。在单通道的 DRFM 系统中，瞬时带宽的值等于采样率的一半；而在正交调制的 DRFM 系统中，瞬时带宽为采样率动态范围。工作带宽为 DRFM 系统能接收和处理的射频信号频率范围。

动态范围。DRFM 的输入动态范围与其工作方式有关。在线性工作方式中，输入动态范围直接由量化位数决定，即 1 位的量化对应于 6 分贝的动态范围，采用自动增益控制电路可以扩大系统的输入动态范围。在限幅（饱和）工作方式中，输入动态范围可以做得很大，但它不适合用于处理同时到达的信号。总之，DRFM 的动态范围主要取决于 ADC 和数模转换器（digital to analog convertor，DAC）的动态范围，并与量化和采样方式都有关。

读写时延。读写时延指的是从威胁信号输入到复制信号输出所经过的时间。DRFM 的读写时延不能太大，因为在距离波门拖引应用中，DRFM 中产生的复制信号只有与敌方雷达的真回波信号进入同一波门中才能产生干扰的效果。短的延迟时间可使系统响应时间缩短，这一传播延时取决于存储器的读、写时间。

同相/正交（in-phase/quadrature，IQ）信道不平衡性。在计算机模拟 IQ 信道下的变频过程时，通常假设这两路是完全平衡的（即两路输出的幅度相等且相位相差 90°）。然而，在 IQ 信道下变频的实际研制中却往往不是这种情况。尤其当变频器覆盖一个较宽的带宽时，两个信道的输出往往具有不同的幅度，其相对相位也可能并非相差90°。这种不平衡性所造成的影响会产生一个镜像信号，进而影响干扰效果。

寄生信号。寄生信号的主要来源有：本振泄漏、镜像响应和谐波与交叉调制。本振泄漏是因为用于上变频的混频器中本振与输出之间隔离度不够，它会恶化发射信号的信噪比。镜像响应是由DRFM系统中上变频器的两个通道之间的幅度和相位的不平衡引起的。两个通道幅度和相位的不平衡使“对消”不彻底，因而产生不需要的镜像边带。谐波与交叉调制是由DRFM的量化与采样过程引起的。由于混频器的非线性，使输出信号包含输入信号频率之间的组合调制分量。这样，当两个频率分量作用于混频器时，会在两个信号之间形成交叉调制分量。即使对单个信号，在各次谐波之间也会形成交叉调制分量。总的寄生信号能量对DRFM系统性能有重要影响，它不仅降低了干扰机的有效功率，更重要的是为敌方识别和干扰寻的构成一个显著的特征。

相干性。相干性可理解为接收信号与复制信号之间的相干程度。实际应用中，必须考虑由于相位不连续引起的相干性变差的问题，相干性变差不能体现出数字储频技术的优势。

功耗与成本。功耗是衡量系统实用价值、可靠性和成本大小的主要特性，它取决于选用的电路器件和材料。

4. **诱饵**

诱饵有三项基本任务：使敌方防御系统饱和；将敌方来袭武器从被保护目标上引开；诱使敌方暴露（或使用）其武器系统。形形色色的诱饵分别用来完成这些任务。

有源诱饵。有源诱饵内部有两部天线，如图3－15所示，中间用功率放大器连接起来，一部接收天线接收敌方雷达的照射波束，送入功放进行放大，再由另一部发射天线发射回去。功率放大的增益甚至是可调的：当雷达远离目标时，增益增大；当雷达接近目标时，增益降低。这样，有源诱饵的等效雷达截面（radar cross-section，RCS）是灵活可控的，可以更有效地形成假目标。

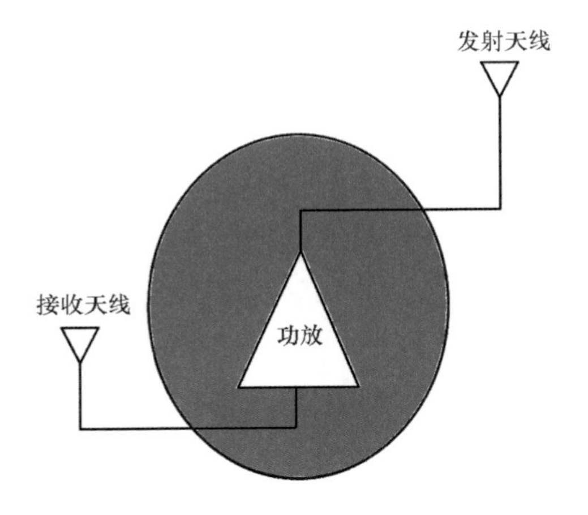

图 3－15　有源诱饵

拖曳式诱饵。拖曳式诱饵通过一根长长的电缆与被保护目标相连接，一般由被保护目标提供电源，并且控制诱饵的工作，完成任务后，可割断电缆，也可回收诱饵，以被再次使用，ALE－55 拖曳式诱饵及其作战情况如图 3－16 所示。由于拖曳式诱饵受控于被保护目标，因而诱饵上的干扰机和目标上的干扰机可以协同工作，完成较复杂的干扰任务，且造价低廉，具有很好的应用前景，被认为是对付较难干扰的单脉冲跟踪雷达和导弹的高效费比方案之一。拖曳式诱饵的电缆长度主要取决于目标所面临的威胁武器的杀伤半径以

图 3－16　ALE－55 拖曳式诱饵及其作战示意图

及诱饵对目标运动性能的影响，通常电缆长度为 90 ~150 米。必须指出，拖曳式诱饵由于几何位置和部署上的一些限制，当攻击从目标正前方或后方袭来时，拖曳式诱饵不能保证为平台提供保护。

3.1.2.2 雷达无源干扰

雷达无源干扰是利用可散射（反射）或者吸收电磁波材料的器材，阻碍或削弱敌方雷达正常使用的一种干扰。无源干扰器材本身不发射电磁波，通过反射、折射、散射、吸收雷达发射的电磁波，扰乱雷达对目标探测和跟踪的制式器材。这种器材主要包括箔条、反射器等。

1. 箔条

箔条是最古老但是应用最广的雷达对抗器材。箔条通常是由金属箔切成的条或镀铝、锌、银的玻璃丝或尼龙丝等镀金属的介质，或直接由金属丝等制成。若将箔条投放在空间，这些大量随机分布的金属反射体被雷达电磁波照射后产生二次辐射对雷达造成干扰，在雷达荧光屏上产生和噪声类似的杂乱回波。大量箔条形成很大的雷达有效散射面积，产生强于目标的回波，从而遮盖目标。箔条长度一般为雷达波长的1/2，它通常以布撒箔条走廊的方式或自卫方式来保护战术飞机、战略飞机以及舰船。

箔条在空中被投放以后，会出现一个明显的现象，尤其是玻璃丝箔条，会逐渐分离成两团箔条云，一团主要是水平极化的，另一团主要是垂直极化的。这是因为垂直极化比水平极化下降得快，造成水平极化层的箔条云位于垂直极化箔条云之上。解决这个问题的方法是让箔条的一端比另一端重，这样就能使箔条以缓慢的螺旋方式下降，近似于45°极化。

箔条的投放首先要考虑投放的数量。一般来说，箔条云的 RCS 应当是被保护的最大目标的 RCS 的 2 倍，每个雷达分辨单元至少要投放 1 个箔条包。其次，要考虑箔条云形成和维持的时间。箔条初始发射时较为密集，其 RCS 由垂直于雷达波束方向的几何投影面积给出，通常比最大值小得多。随着箔条的展开，RCS 将增大，直至达到最大值。设计用于走廊保护的敷铝玻璃丝箔条的 RCS 可能要用约 100 秒的时间才能达到最大值。而对于一般铝箔条，其相应的值是 40 秒。

只要箔条云所在的雷达立体分辨单元的密度足够大，走廊的保护作用就是有效的。随着箔条云继续扩展，每个箔条单元要分散到几个雷达立体分辨单元中，箔条总的有效 RCS 就降低了。在典型情况下，在一个雷达立体分辨单元中，水平极化敷铝玻璃丝箔条的 RCS 将在 250 秒内下降到其最大值的 50%；一般的铝箔条的 RCS 降到同样比例大约需要 80 秒。对于垂直极化箔条，敷铝玻璃丝箔条的 RCS 从最大值降到 50% 需要 280 秒，而铝箔条的 RCS 从最大值降到 90% 需要 80 秒。

海上舰船使用箔条进行自卫以对付雷达制导的反舰导弹。由于舰船的 RCS 很大，把握海上实施的时机非常重要。海上箔条系统通常应在 3 ~ 10 秒获得所需的 RCS，因此投放器必须是快速反应设备，通常采用有起爆底火的弹筒实现。自卫箔条弹一般 30 发 1 组，至少要带 2 组。另外也可以采用机械投放器，将每个箔条包从一个长的管状弹仓快速地一个接一个弹射出去。

2. **反射器**

反射器是专门研制的反射特性十分好的器材，它能在范围较大的电磁波入射方向形成大的有效散射面积，常被用作无源诱饵来形成假目标，作为反雷达伪装。反射器包括角反射器、龙伯透镜反射器、无源范阿塔反射器、介质干扰杆、雷达反射气球等，其中角反射器最简单。多数反射器不易移动，作战时要预先放置。角反射器是利用三个互相垂直的金属（或敷金属）拼板制成。根据它在各个反射面的形状不同可分为：三角形角反射器、圆形角反射器和方形角反射器，如图 3 - 17 所示。一个边长为 1 米的角反射器，其 RCS 和一艘中型军舰的 RCS 接近。通常为了增大角反射器的方向性，可把几个空间指向不同的角反射器组合起来，构成近全空域的方向图。龙伯透镜反射器是在龙伯透镜的局部表面加上金属反射面制成。龙伯透镜在较宽的角度范围内，具有比角反射器大得多的均匀的 RCS。例如一个 60 厘米的龙伯透镜反射器，对波长为 3 厘米的雷达来说，其 RCS 超过 1 000 米^2，可模拟一艘中型军舰。反射器在电子对抗中主要用作假目标和雷达诱饵。空投的反射器可以模拟飞机和导弹，漂浮在海上的角反射器可以模拟军舰，配置在陆地上的角反射器可以模拟机场、火炮阵地、坦克群和交通枢纽等。

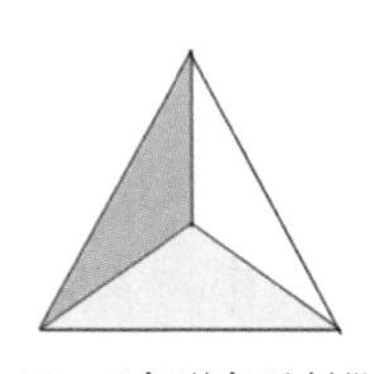

(a) 三角形角反射器

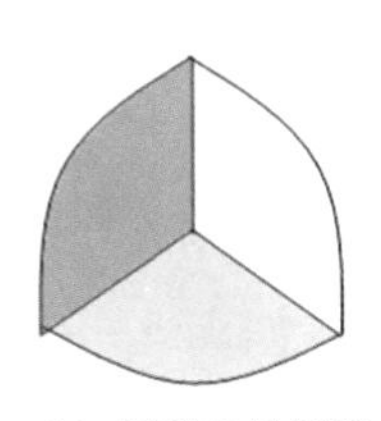

(b) 圆形角反射器

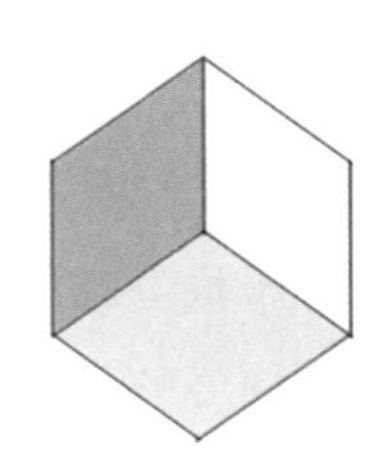

(c) 方形角反射器

图 3－17　角反射器的类型

3.1.3　通信干扰

· 名词解释

－通信干扰－

通信干扰是利用通信干扰设备发射专门的干扰信号，破坏或扰乱敌方无线电通信设备正常工作能力的一种电子干扰。通信干扰是目前通信电子进攻的主要表现形式，也是最常用的、行之有效的电子对抗措施和软杀伤力量，主要通过有意识地发射或转发特定性能的电磁波来达到扰乱、欺骗和压制敌方军事通信，使其不能正常工作的目的。

通信干扰的目的是干扰敌方无线电通信接收设备，从战术性质考虑可以采用两种完全不同的手段：一是遮盖性干扰，通常称为压制性干扰。即用干扰机发射某种干扰信号，以能量压制的方式遮盖敌方通信信号频谱，使敌方通信接收机降低或完全失去正常工作能力。二是模拟性干扰或迷惑性干扰，通常称为欺骗性干扰。即有意识地通过模仿敌方的通信信号，把模拟的假信号“送进”敌方的通信网，造成敌方通信失误或行动错误。通常，欺骗性干扰是有计划有组织地进行的。

3.1.3.1 通信压制干扰

根据不同的分类准则，通信压制干扰能够分为以下几种方法。

1. 按干扰信号的频谱宽度分类

瞄准式干扰。瞄准式干扰的射频（中心频率）与信号频率重合，或干扰信号和通信信号的频谱宽度相同。如图 3－18（a）所示，甲台发报给乙台，干扰的作用是使乙台收不到或听不清甲台发来的报文。于是，瞄准式干扰所辐射的窄带频谱就必须与甲台所发信号的频带基本相同，并与甲台所发信号同时进入乙台接收机。如图 3－18（b）所示，瞄准式干扰的功率集中，干扰频带较窄，干扰能量全部用来压制敌方的通信信号，干扰功率利用率高，干扰效果好。但要求频率重合度好，对干扰机性能要求高，且要求有引导干扰频率的侦察部分。对于瞄准式干扰，通常每个干扰频率对准相应的一个通信信号频率实施干扰，但一机干扰多目标的情况在外军已逐渐被广泛地应用。例如，俄军 P－378 短波通信干扰机、P－330 超短波通信干扰机，可分别实现一部干扰机同时干扰三个或四个不同信道的信号。一般情况下，瞄准式干扰用于压制敌方重要作战部队的指挥通信以及前沿部队的重要通信。

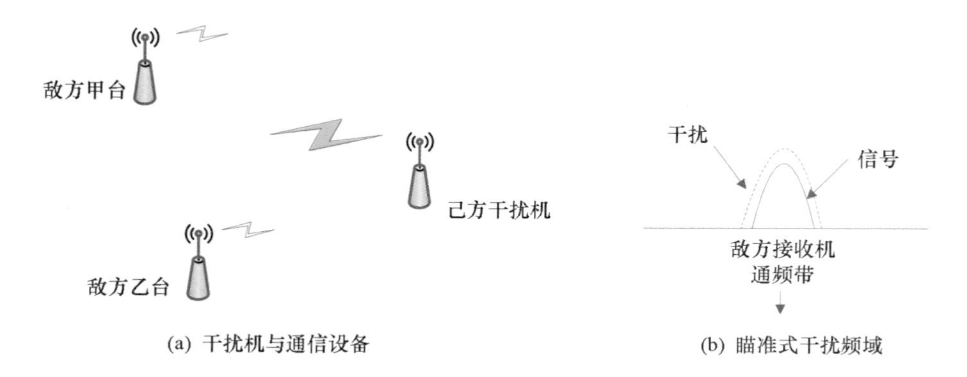

图 3－18 瞄准式干扰示意图

半瞄准式干扰。半瞄准式干扰与瞄准式干扰相比，频率重合的准确度较差，即干扰信号频谱与通信信号频谱不需要完全重合。通常干扰信号的频谱比被压制的敌方通信信号频带宽度大一些。干扰频谱能全部或绝大部分通过敌方接收机的频率选择回路，虽然与敌方信号的频谱不一定重合或频率重合度不高，但也能形成一定程度的干扰，如图3－19所示。由于半瞄准式干扰功率不集中，利用率低，只在特殊情况下使用。如敌方信号出现时间短，来不及瞄准，或者对有的通信方式来说不需要准确的频率重合也能取得较好的干扰效果等。

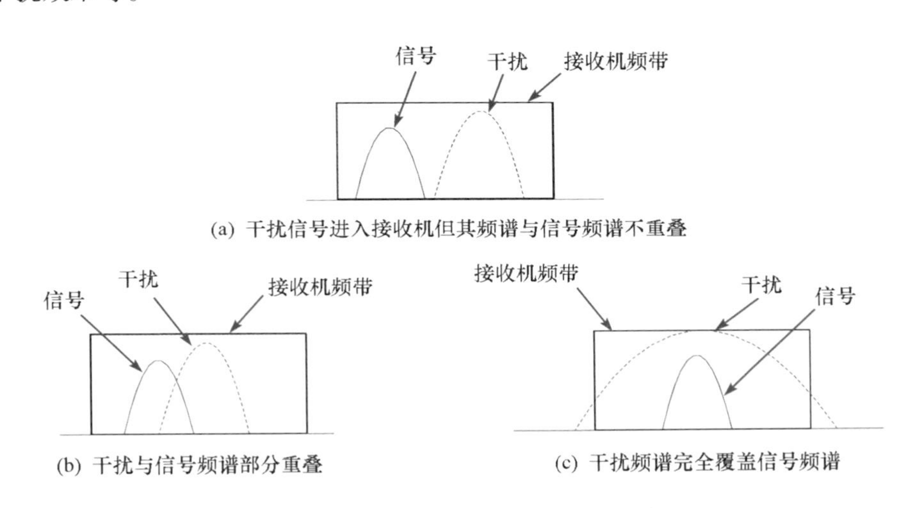

图3－19　半瞄准式干扰与信号频谱示意图

阻塞式干扰。阻塞式干扰又称为拦阻式干扰，其干扰辐射的频谱很宽，通常能覆盖敌方通信台站的整个工作频段。阻塞式干扰又可分为连续阻塞式干扰和梳形阻塞式干扰两种。连续阻塞式干扰在预设宽度频段内发射干扰信号，同时压制该频段内的通信信号，如图3－20（a）所示；梳形阻塞式干扰的干扰频带呈梳形，落入这些频带内的通信信号受到干扰，干扰频带可为固定的或移动的，如图3－20（b）所示。阻塞式干扰的优点是不需要频率重合设备，也不需要引导干扰的侦察设备，设备相对简单，能够同时压制频带内多个通信台站。其缺点主要有：干扰功率分散且效率不高；在施放阻塞式干扰时，落入其频带内的己方通信信号也将受到干扰。阻塞式干扰主要用于压制敌方战术分队无线电通信。目前各国战术分队用的大多是超短波通信网台，所以阻塞式干扰机大多工作在超短波范围内。

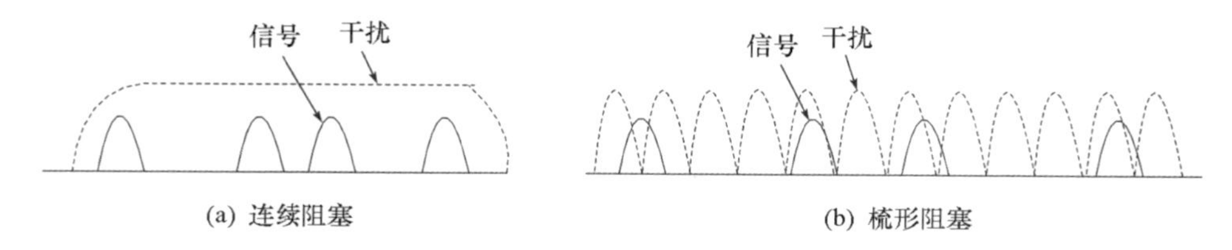

图 3－20　阻塞式干扰频谱与信号频谱示意图

扫频式干扰。扫频式干扰是指干扰发射机的射频在较宽的频段内按某种方式由低端到高端，或由高端到低端，连续变化所形成的干扰。扫频式干扰系统是自动化程度较高的干扰系统。对预干扰信道，通过提前预置的方式进行存储，并在一定的频段范围内反复扫描，当被预置信道的信号出现时，可自动随机干扰。这种干扰具有反应时间短、机动中仍可进行干扰、管理方式自动化等特点。

2. 按干扰信号的调制方法分类

键控干扰。键控干扰信号是未经任何调制的单一频率信号，通常使用手动或自动键控将干扰信号发射出去，主要用于干扰振幅键控和频率键控的听觉无线电报和视觉印字无线电报的通信系统。

噪声调制干扰。噪声调制干扰是应用某种噪声信号（音频、杂音）调制干扰发射机载波所形成的干扰，包括调幅干扰、调频干扰和调相干扰，主要用来压制各种相应调制方式的无线电通信，特别适用于干扰无线电话、传真电报等。

脉冲干扰。脉冲干扰是利用干扰机发射一系列脉冲信号或类似于被干扰设备的脉冲信号而形成的干扰。这类脉冲信号可以是已调制的或未调制的高频脉冲。这种干扰的特点是作用时间短促，脉冲功率大，通常用于干扰脉冲信号通信或数字通信。

纯噪声干扰。纯噪声干扰又称为随机干扰，干扰信号由射频噪声源直接产生的噪声经放大而形成。

综合干扰。综合干扰是利用两种以上的调制或键控方法形成的干扰。

3. **按辐射方向分类**

- 强方向性干扰：干扰辐射方向小于60°，干扰功率集中。
- 弱方向性干扰：干扰辐射方向为60°~180°，干扰功率较分散。
- 无方向性干扰：对各个方向都有干扰辐射的作用。

3.1.3.2 通信欺骗干扰

通信欺骗干扰的目的是使敌方对其通信系统收到的信息做出错误的判断。通常，通信欺骗干扰是作为军事欺骗行动的一部分实施的，极少单独使用。通信欺骗干扰分为无线电通信冒充和无线电通信伪装。

无线电通信冒充。无线电通信冒充是通过模拟敌方无线电通信的特点，并以一定的方式或行为，冒充敌方无线电通信网中的某一台站，与该网内其他台站进行通信联络。实施无线电通信冒充，既可骗取敌方的作战命令、指示或情况报告等重要信息，使其行动企图暴露，也可借机向敌方传递各种欺骗性信息，扰乱其行动和判断。

无线电通信伪装。无线电通信伪装是通过改变己方“电磁形象”实施的，力图变换己方电磁发射波形，以对付敌方通信对抗侦察活动。其实现的方法是改变技术特征和变更可能暴露己方真实意图的电磁信号波形，或故意发射携带虚假信息的信号。通过采取示假隐真的方式达成欺骗的目的，使敌方对通信侦察获取的情报真假难分。

3.1.3.3 对新体制通信的干扰

1. **跳频通信干扰**

随着电子技术、信号处理技术和自动控制技术的发展，对定频通信信号的侦收、分析和测量已可以实现自动化，能够实施自动快速精确的瞄准式干扰。因此为了保证通信正常，研究人员提出了跳频和直接序列扩频通信，以对抗这种瞄准式干扰。例如在工作频段内 N 个频道上进行跳频通信，1 部固定调谐在某频道的定频瞄准式干扰机只能干扰 N 个频道的其中 1 个，其干扰效果不足以影响此跳频通信的正常通信。

对跳频通信的干扰可以分为如下两种：瞄准式干扰，包括波形瞄准式干扰和跟踪瞄准式干扰；拦阻式干扰，包括跟踪拦阻式干扰、全面拦阻式干扰。

（1）波形瞄准式干扰

跳频通信的波形瞄准式干扰是指干扰方掌握欲干扰的跳频通信的特定跳频图案，在干扰过程中，干扰频率和通信频率完全同步变化。这种干扰也称为跳频图案主动瞄准式干扰。由于要求从仅截获的其中某一小段跳频图案来推测出整个跳频图案，并且要求实时破译，以便能随后及时实施干扰，其技术难度很大。当前跳频通信电台频率的基础密钥量很大，都是由非线性伪随机码组成，极难从截获的某一小段跳频序列来推测出整个跳频图案。跳频图案周期很长，并且在不到一个跳频图案周期时，常常已更换到另一个跳频图案。另外，还要克服由于干扰机与目标信号相对位置关系带来的干扰时间延迟影响。当前这种波形瞄准技术尚处于探索研究阶段，如在实验室采用计算机模拟，仅在单个信号情况下，对线性伪随机码控制的跳频图案进行破译研究，而要付之实用，还有很长的路要走。

干扰方要达到相应的信号载体破译水平，其研制过程、技术难度和设备复杂程度，远远高出或大于通信方改善信号载体加密。但另一方面，如果掌握了波形瞄准技术，它可以对跳频通信进行实时侦收，获取情报信息；在关键时刻，还可对跳频通信实施有效瞄准式干扰。例如，对跳频通信实施全过程干扰，仅需干扰其同步信号，即可有效干扰此跳频通信。

（2）跟踪瞄准式干扰

当干扰方不能掌握欲干扰的跳频通信的特定跳频图案时，可以采用跟踪瞄准式干扰。也就是通过对欲干扰的跳频信号进行侦收、分选，确定特定信道的跳频信号，并对其实施瞄准式干扰。要实现有效跟踪瞄准式干扰必须满足两个条件：一是能从多个跳频通信网中，实时分选出欲干扰的某个特定信道的跳频信号；二是路程差引起的干扰时延与信号侦收、分选时间之和，仅占欲干扰跳频通信的跳频周期的很少时间。

当跳频速率很低和跳频频道较少时，当前的干扰技术是可以有效实施跟踪瞄准式干扰的。但是，对于高速跳频电台跟踪瞄准式干扰就无法实现。例如主要用于空中通信的美国联合信息分发系统，跳频速率为38 500跳/秒，而实际上，每一跳频周期（26微秒）内信号驻留时间仅为6微秒。而当电波传播的路程差达2千米时，电波传播的时延约为7微秒。因此，即使信号的侦察分析和干扰引导过程不需要时间，但通信发收两端的通信路程大于2千米，则干扰电波传到通信接收端时，本跳频周期内的通信信号传输完毕，无法实现有效跟踪干扰。而在空中通信的实际情况下，对这种通信实施干扰，其路程差远超出2千米，因而很难对其实施有效跟踪瞄准式干扰。而对信号密集环境的中速跳频通信（例如陆地战术通信信号密集环境的200跳/秒左右的甚高频跳频通信）也很难实施有效跟踪瞄准式干扰。

由此可见，在干扰方采用瞄准式干扰时，如果通信方采用跳频通信或扩频通信，则通信方处于优势。人们已经意识到宜采用较多的拦阻式干扰以扰乱某频段内所有通信，来代替瞄准式干扰以扰乱某些特定信道的通信。

（3）跟踪拦阻式干扰

跳频通信跟踪拦阻式干扰是扰乱某频段内出现的所有信道的跳频通信。它对该频段出现的所有跳频通信都实施干扰，而不仅对某个特定信道的跳频通信实施干扰。实施这种拦阻式干扰无须进行各跳频通信间的信号分选，无须判明各个跳频通信网的属性，而仅须区分定频通信和跳频通信。干扰方的侦察系统通过对该频段内的信号全景侦察，可以掌握该频段内的定频通信和跳频通信情况。定频通信与跳频通信相比，其信号频率是固定不变的，由此可测得在该频段内哪些频道是由定频通信所占有，即可得出定频通信的全景频谱图案，存入信号的定频通信数据库。干扰系统可对这些频道进行封闭，不引导干扰机对这些频道通信实施干扰，而仅对该频段内的跳频通信实施干扰。

如果此地域内同时出现的跳频通信网有 M 个，则干扰系统内需有 M 部干扰机同时对这 M 个跳频通信实施拦阻式干扰。其干扰方式不一定为某部干扰机一直瞄准干扰某一特定跳频通信网中各电台的各次跳频信号。在一般情况下，某部干扰机在此时干扰这个通信网的A电台发出的通信信号，而彼时则干扰另一通信网的D电台发出的通信信号。对一个通信网各次通信信号的干扰，可能是由多部干扰机先后实施。这就是说，跟踪拦阻式干扰是在干扰系统统一协调下，多部跟踪干扰机同时对多个跳频通信网实施混合式干扰。这种跳频通信跟踪拦阻式干扰由于无须完成各跳频信号间的分选，比起跳频通信跟踪瞄准式干扰，在技术上易于实现。

（4）全面拦阻式干扰

全面拦阻式干扰是扰乱某频段内所含的全部信道通信（包括定频通信、跳频通信、直接序列扩频通信和组合扩频通信等）。拦阻式干扰相当于多信道干扰，而全面拦阻式干扰则是对某频段内所含的全部频道的干扰。在相同通信功率的情况下，若其他条件也相同（相同增益的通信天线、相同通信距离或相同信号传输损耗、相同干扰距离或相同干扰传输损耗），当全面拦阻式干扰功率足够对定频通信实施有效干扰时，则同样能对各种跳频通信实施有效干扰，即对该频段内所有通信都具有同样的干扰威力。

全面拦阻式干扰的工作方式可以是每部干扰机干扰一个频道的信号，这样若干扰频宽内有 N 个频道，则需设置 N 部干扰机同时施放干扰。但一般工作方式是一部干扰机发出宽带干扰，同时对 N 个频道实施干扰。当然，也可以用 n 部宽带干扰机，每部干扰机分别同时对 N/n 个频道实施干扰。

2. 直接序列扩频通信干扰

直接序列扩频通信（简称直扩通信）的出现，使得各个直扩信号在频域上可以相互重叠。各个用户的接收机利用不同用户扩频伪码之间的正交性，区别接收各自的直扩信号。因此，对其实施干扰，不能仍以干扰频宽来分类。根据最佳干扰理论，最佳瞄准式干扰的扩频图案应和所干扰的扩频通信的扩频图案相同，这样可仅对这个特定信道扩频通信实施有效干扰，而不会对其他信道的扩频通信产生有效干扰。直扩通信干扰可以分为以下两类：

直扩通信的波形瞄准式干扰。干扰方的瞄准式干扰要掌握欲干扰的直扩通信的特定伪码图案（序列），在干扰过程中采用此伪码图案调制的干扰信号对该通信信道实施瞄准式干扰。在频域上，干扰射频和信号射频重合，干扰频宽和信号频宽吻合。在时域上，干扰的伪码速率和伪码序列与信号的伪码速率和伪码序列相同，即经伪码序列调制后的干扰时域波形和所干扰的直扩信号时域波形相同。因此称这种瞄准式干扰为波形重合干扰或波形瞄准式干扰。要实现波形瞄准式干扰，就需要对直扩信号进行侦收和伪码图案的实时破译，然而实时破译伪码图案技术难度很大。

直扩通信的相关拦阻式干扰。干扰方无须掌握某特定信道直扩通信的伪码序列，仅须掌握某种系列直扩通信电台所采用的伪码序列产生器的类型，即伪码序列的类型，则可采用相关干扰。相关干扰采用伪码调制的干扰体制，其干扰射频要接近信号中心频率，干扰的伪码速率要和信号伪码速率相近，且干扰的伪码序列和信号的伪码序列间的互相关程度要尽量增强。

3.1.4 典型电子干扰装备

3.1.4.1 自卫式干扰装备

据美军统计，带自卫式电子对抗装备的轰炸机，生存率可达70%～95%，反之则不到25%；作战飞机带自卫式电子对抗装备出击时的生存率为97%，反之则不到70%；水面舰艇不装电子对抗装备，被导弹击中的概率为加装自卫式电子对抗装备的20倍。

飞机、舰船等高价值平台的自卫式电子对抗装备通常由告警设备和电子干扰设备组成。典型的自卫式电子干扰装备分两类：自卫式有源干扰装备和自卫式无源干扰装备。此外，美军还在大力发展电子对抗诱饵。

1. 自卫式有源干扰装备

常用的自卫式有源电子干扰装备有噪声干扰机、回答式欺骗干扰机、引信干扰机、红外干扰机和红外诱饵等。噪声干扰机、回答式欺骗干扰机用于干扰敌方火控雷达的跟踪系统，破坏其对飞机或舰船等目标的跟踪。

引信干扰机用来干扰炮弹和导弹的近炸引信。红外干扰机用来干扰红外制导导弹的导引头。红外诱饵用来对红外制导导弹实施欺骗性干扰，使红外制导导弹偏离目标。

AN/ALQ-165是美国典型的机载平台自卫干扰机，如图3-21所示。其工作频率为0.7~18吉赫兹，可扩展到35吉赫兹，覆盖到毫米波波段；具有脉冲欺骗和连续波噪声干扰两种干扰模式，能干扰频率捷变等新体制雷达。该系统采用先进的功率管理单元，主要用于对付各种防空导弹和高炮系统中的跟踪雷达。可同时干扰16~32部雷达辐射源，并具有可重编程能力，能对

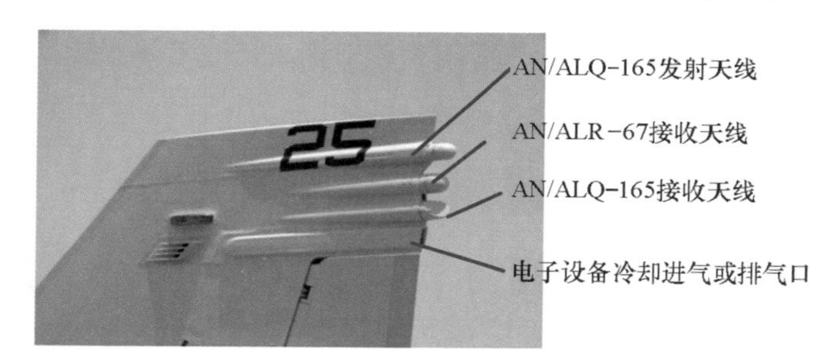

(a) F/A 18C/D左垂尾顶部结构

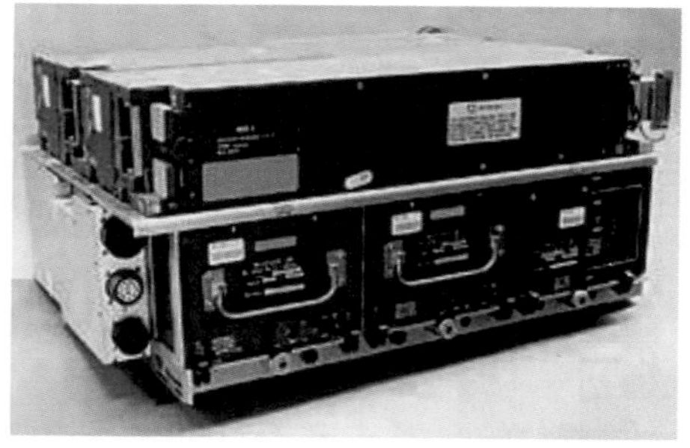

(b) 干扰机系统

图3-21 AN/ALQ-165 自卫干扰机

抗新出现的雷达威胁。在科索沃战争中，美国首次把该干扰机装在F/A－18飞机上用于自卫。

为提高现役作战飞机的电子对抗能力，飞机外挂的电子干扰吊舱得到了充分的重视。自卫干扰吊舱具有不受飞机空间限制、可采用较复杂的电子对抗技术的优点，因而可以获得较强的电子对抗能力和良好的载机安装适应性。世界主要军事强国均生产装备了多种型号的自卫式电子干扰吊舱。美国研制的AN/ALQ－184电子干扰吊舱被用于F－16战斗机，并出口到世界各地。而AN/ALQ－99电子干扰吊舱则被用于专用电子对抗飞机，其升级型则用于EA－18G，如图3－22所示。该系统目前型号为AN/ALQ－99F（V），1999年实现初始作战能力。其覆盖从特高频到20吉赫兹，吊舱共有10部发射机，总有效辐射功率达到1 000千瓦，能同时干扰多个威胁，主要执行以瞄准式干扰、拦阻式干扰、扫频式干扰为代表的压制干扰任务。

图3－22　AN/ALQ－99电子干扰吊舱

AN/ALQ－99采用的是模拟技术，迄今已经服役50多年，已经不能再通过升级来提升性能。美军已经开展了下一代干扰机（next generation jammer，NGJ）的研制工作。NGJ是新型数字化干扰机，具有更多的能力和更大的功率，将从更远的距离对敌方的新一代雷达和通信系统进行干扰，如图3－23

所示。美国 NGJ 分三个增量系统开发，旨在通过干扰三个射频波段来阻止敌方使用其通信和雷达系统。增量 1 系统提供中频段电子对抗能力，称为 AN/ALQ－249 系统或下一代干扰机－中频段（next generation jammer medium-frequency band，NGJ-MB）系统。增量 2 系统提供低频段电子对抗能力，称为下一代干扰机－低频段（next generation jammer low-frequency band，NGJ-LB）系统。增量 3 系统提供高频段电子对抗能力。这样在功率、作用距离和任务能力上能更加高效。

图 3－23　下一代干扰机

NGJ 能够很快地转换频率，从而跟上目标的变化。先前的干扰机从最初的干扰频率转换到下一个频率时，不是以数字方式完成的，而现在的 NGJ 基本能够瞬时完成。因此，它可以同时干扰更多的目标。新的吊舱在设计时也考虑了集成度和模块化的问题。由于三种吊舱是分阶段集成到装备中的，它们将与老式装备共同工作一段时间。同时，根据飞机的任务和可用空间，维护人员能够很容易根据不同的任务挂上或拆卸不同的吊舱。

尽管美国陆军通常并不被认为是航空作战的一部分，但它却是世界上拥有最多旋翼机和无人机操作员的部队之一，因此也是机载干扰吊舱的重要使用者。2019年1月，美国陆军与洛克希德·马丁公司签订合同，设计、研发和测试用于美国陆军多功能电子对抗系统族“空中”部分的电子对抗吊舱系统。这一吊舱采用了一种“Silent CROW”开放架构系统，可轻松配置用于多种机载和地面平台，包括MQ-1C“灰鹰”无人机机翼挂架上的吊舱。“Silent CROW”可通过电子支援、电子攻击和赛博技术帮助美军士兵实现对敌方电子信息系统的干扰、抑制、降级、欺骗和破坏。

除了干扰吊舱，另外一类有源干扰装备是拖曳式诱饵。美军典型的装备是AN/ALE-55光纤拖曳式诱饵，这是一种具有机载光纤通信的多模式拖曳式雷达诱饵，属于美军第二代干扰诱饵。它不仅能转发威胁雷达信号，还能在干扰信号射频上加上适当的调制信号。AN/ALE-55系统电子频率转换器通过机载电子对抗系统分析探测到的雷达信号，计算适当的干扰与欺骗信号，将计算结果通过光纤发送给诱饵，从而使寻的导弹脱离飞机，使其脱靶距离远大于导弹战斗部的杀伤半径。AN/ALE-55系统主要装备于F/A-18E/F“超级大黄蜂”战斗机。在使用时，由一条长光纤拖在飞机后面，在飞机飞行和实施机动时，其翼片可适应气流变化，使光纤的张力达到最小。

除了装备于飞机的干扰吊舱，各国均在大力发展舰载电子对抗系统。目前，美军舰船标配的电子对抗系统是AN/SLQ-32系统。AN/SLQ-32系统主要对探测到的雷达信号（重点是反舰导弹雷达导引头信号）进行预警和分类，对舰载、机载和岸基反舰导弹实施干扰，掩护本舰实施海上作战。随着反舰导弹的不断发展，水面舰艇面临的威胁环境日益严峻。为确保对先进反舰导弹的有效防御，美国海军陆续启动了针对AN/SLQ-32的水面电子对抗改进项目（surface electronic warfare improvement program，SEWIP）和先进舷外电子对抗（advanced outboard electronic warfare，AOEW）等一系列项目来升级舰载电子对抗装备。AOEW属于电子对抗诱饵，后文将详细介绍。

SEWIP是一个分批次、多阶段的项目，旨在为美军舰船提供增强的反舰导弹防御能力，同时提供抗目标瞄准与反监视能力以及增强的战场态势感知能力。自2002年正式启动以来，已经进行到第四个批次（Block 4）。其中，

Block 1A 主要升级了处理计算器和显示控制台，Block 1B1 和 Block 1B2 为 SLQ－21系统增加了辐射源个体识别功能，Block 1B3 增加了高增益和高灵敏度接收机。Block 2 采用宽带数字接收机替代了原有的侦察系统，提升了系统对威胁的探测和识别精度。Block 3 则开发了高功率电子攻击能力。

2. 自卫式无源干扰装备

常用的无源电子干扰装备包括箔条及其投放器。

机载箔条投放器通过引爆或借助气动机构将一定长度（相当于雷达工作的半波长）的金属箔条或涂覆金属的玻璃纤维抛撒到载机的侧后方，形成箔条云团，掩护载机，诱骗敌方雷达跟踪假目标。新型投放器既能投放箔条，又能发射红外诱饵，有的还能兼作投掷式雷达诱饵的发射装置。大型舰船一般均装备多个自卫式箔条发射装置，用于对抗雷达制导的反舰导弹。

若在金属箔条的一面涂以无烟火箭推进剂等材料，以材料燃烧后产生的红外辐射来模拟目标辐射，则可达到干扰和诱骗红外制导导弹的目的。同时，箔条云对太阳光的反射与散射，也能有效地干扰近红外波段的导引头。长、短合适的箔条还可对射频和微波系统起到干扰作用。因此，红外综合箔条弹可对抗先进的红外和雷达复合制导的导弹，是一种常用的光电对抗装备。

飞机发射红外综合箔条弹时的情况如图 3－24 所示。

图 3－24 飞机发射红外综合箔条弹

美军典型的无源干扰装备是AN/ALE-47（V）系统，其是一种自适应、可编程的无源干扰箔条或红外诱饵和投掷式有源射频干扰机投放系统。携带各种一次性干扰物，包括：RR-129/AL、RR-170/AL、RR-180/AL箔条弹，MJU-7B、MJU-10B、M-260红外弹等。AN/ALE-47（V）系统包括一个顺序转换器，可以通过在线编程设置不同的装载投放顺序。多种投放方式包括：箔条、红外弹、不同箔条和红外弹的组合等。

在作战过程中，有源系统和无源系统只有有机地结合使用，才会起到较好的效果。自卫式有源干扰系统在作战使用时必须合理选择干扰时机。否则，除了容易被敌方侦察系统截获，暴露自己，还容易受到攻击，不仅不能起到自卫的作用，反而使自己变成一个“信标”。

3. 电子对抗诱饵

2008年，美军曾开发干扰性微型空射诱饵J型（miniature air launched decoy-J，MALD-J）平台，并于2013年开始部署。但MALD-J对数据链与GPS卫星链路的依赖度过高，而在未来战争中，无论是卫星链还是数据链，均有可能失效。因此，该平台无法完成诱使敌方防空导弹系统开机并引导己方导弹攻击敌方防空阵地的任务。针对此问题，美军进一步开发了微型空射诱饵X型（miniature air launched decoy-X，MALD-X）平台。MALD-X是MALD-J的升级版本。这一项目基于成熟的MALD平台，如图3-25所示，旨在展示协作平台的作战效率和战术优势，并通过在自由飞行演示中展示先进的电子对抗技术来突出其性能优势。MALD长约3米、重约136千克，是一种空射喷气式无人机，通过模仿友方飞机的飞行特性和雷达特征来混淆敌方的防空系统。MALD携带的燃料允许其在45分钟内飞行900多千米。

作战飞机在突入对方防空区域内时，主要会面临敌方防空武器的拦截。在雷达告警设备发出威胁警告后，作战飞机发射空射诱饵，对防空武器制导雷达和火控雷达实施诱骗式干扰或压制式干扰，诱骗来袭武器攻击空射诱饵，保护作战飞机安全。

在精确打击之前，发射空射诱饵到危险地区上空巡航，模拟“真实”空

图 3 - 25　微型空射诱饵

情，刺激和诱骗敌方防空雷达系统在己方作战飞机到达之前提前开机。空射诱饵将获取的雷达信号和通信情报转发至接收设备，或由电子对抗飞机配合截获相关信号，为电子情报侦察或反辐射攻击任务的完成创造有利条件。

此外，美军舰船上也装备了类似的有源诱饵“纳尔卡”系统。“纳尔卡”是一种快速有源投放式诱饵，能够在远离舰船的地方释放电子信号诱骗导弹，为舰船提供有效防御。

先进舷外电子对抗（AOEW）是一种多载荷类型的长航时舷外诱饵。AOEW 和 SEWIP 密切相关，两者通过协同电子对抗作战，为舰船提供分层的整体防护能力。AOEW 项目的目标是探测和干扰防区外发射的快速反舰导弹，以延缓来袭武器，为舰载和舰外导弹防御系统提供战斗时机。AOEW 项目采用一种模块化开放系统架构，使得电子对抗有效载荷能适应不断变化的威胁，减少研发时间和成本，加快部署。AOEW 也包括无源和有源两个部分：无源部分是采购自英国的充气式角反射器；有源部分是 AN/ALQ - 248 导弹诱饵系统，该系统集成于独立的电子对抗吊舱。SLQ - 32 系统通过与 AN/ALQ - 248 集成可以获得海平面以外的数据，通过信息共享实现舰 - 机协同电子对抗作战，为舰船提供分层的整体防护能力。

· 前沿阵地

美国海军研究办公室授出“长航时先进舷外电子对抗平台”的设计合同，旨在开发一种一次性飞行载机及其兼容的对抗措施载荷。其能力要求包括能够与舰船安全分离、展开并过渡到稳定的受控飞行；拥有自主飞行控制能力，能规避与飞行器发生碰撞，发射时能从舰载控制站接收任务数据，重新定位调整航线以应对威胁；能在GPS拒止环境中运行；空中飞行待命时间至少为1小时；拥有在主要射频和光电/红外领域运用模块化电子对抗有效载荷的能力；能在5级海况的条件下运行；能实现诱饵和控制站之间的安全双向通信。

西方其他国家也进行了类似的实验。2019年11月，法国海军在海上电磁作战演习中测试了其“翠鸟”（Halcyon）无人水面舰艇与“嘉奖”（Accolade）舰载有源射频诱饵干扰载荷组合使用的有效性。此次演习中，“嘉奖”电子攻击载荷被部署到“翠鸟”无人水面舰艇上。演习过程中，“嘉奖－翠鸟”在受到模拟的反舰导弹攻击的情况下通过DRFM技术发射复杂的波形，以迷惑或欺骗来袭的反舰导弹。

在MALD的基础上，美国海军开启了一项名为“针对综合传感器的多要素特征网络化模拟”项目。该项目致力于开发和集成多种类型的无人平台、舰载和潜艇载系统、电子对抗载荷以及通信技术，旨在通过电磁手段和声学手段投射出由虚假的飞机、舰船和潜艇目标组成的“幽灵舰队”。将逼真的虚假特征和诱饵投放到广域战场空间，可在战斗中实现前所未有的欺骗性和迷惑性。

3.1.4.2 支援式干扰装备

支援式干扰装备是在中远距离实施压制敌方电磁信号的一类重要电子对抗装备，主要有机载和车载等形式。装有远距离支援式干扰装备的飞机也称为电子对抗飞机，专门用于执行作战中的电子攻击任务。美军的专用电子对抗飞机在作战飞机的编成中一直占有十分重要的地位，在近年来的局部战争中发挥了极其重要的作用。

美军对空中电子进攻任务进行了划分。一是护航干扰，即电子干扰飞机编入作战飞机编队，以提供电子掩护，主要由海军 EA－18G 电子干扰机负责。二是防区外干扰，即从远距离（敌方火力圈外）瘫痪敌方通信和雷达系统，主要由空军负责，EC－130H 和改装的 B－52 飞机就是此项任务的主要承担者。三是使用干扰设备摆脱地空导弹拦截，由各军种自行负责。

1. EF－111A、EA－6B 和 EA－18G

美国空军于 1981 年开始装备由 F－111 战斗轰炸机改装而成的 EF－111A 电子对抗飞机，EF－111A 是美军当时最先进的超音速电子对抗飞机，可遂行远距、近距支援干扰和伴随干扰，是此前世界上唯一一种能够同时执行上述 3 项任务的专用电子对抗飞机。美国海军和海军陆战队曾分别装备 EA－6B “徘徊者”电子对抗飞机 119 架和 20 架。EA－6B、EF－111A 主要用于干扰和摧毁敌方预警探测雷达、地空导弹制导雷达和炮瞄雷达。

目前，EF－111A、EA－6B 电子对抗飞机已全面退役，采用舰载攻击机“超级大黄蜂”F/A－18F 机身的 EA－18G 是美海军现役主战的空中电子对抗资源。

EA－18G 与 EA－6B 有 70% 的电子对抗系统通用，可以高效执行对地空导弹雷达系统的压制任务，既可进行远距离支援干扰，也可进行随队支援干扰。与 EA－6B 相比，EA－18G 具有明显的优势：

- 外挂点更多：EA－6B 只有 5 个外挂点，可以携带干扰吊舱、副油箱或高速反辐射导弹。而 EA－18G 有 11 个外挂点（翼尖 2 个，机翼下 6 个，机腹下 3 个），除 AN/ALQ－99 干扰吊舱和反辐射导弹外，还能携带空－空导弹等 F/A－18F 配置的所有武器，单独执行任务而不用战斗机保护。
- 飞行速度更快：EA－18G 能进行超音速飞行并与整个打击机群共同前进，携带干扰吊舱时也具备作战能力；而 EA－6B 的飞行速度几乎只有 EA－18G

的一半，与战斗机一起执行任务时需要复杂的集结过程。

EA－18G 装备了全面的电子对抗系统，如图 3－26 所示。在侦察方面，EA－18G 装备有 AN/ALQ－218(V)2 宽带接收机，实现对相当宽频谱内信号的探测，能够高效检测识别定位和分析威胁辐射源。在雷达干扰方面，EA－18G装备有前面详细介绍的 AN/ALQ－99 电子干扰吊舱。随着 AN/ALQ－99 系统的退役，下一代干扰机将首先装备到 EA－18G。在通信干扰方面，EA－18G装备有 USQ－113(V)通信对抗系统，具有噪声和欺骗干扰能力，可对敌方多通信链路进行干扰。

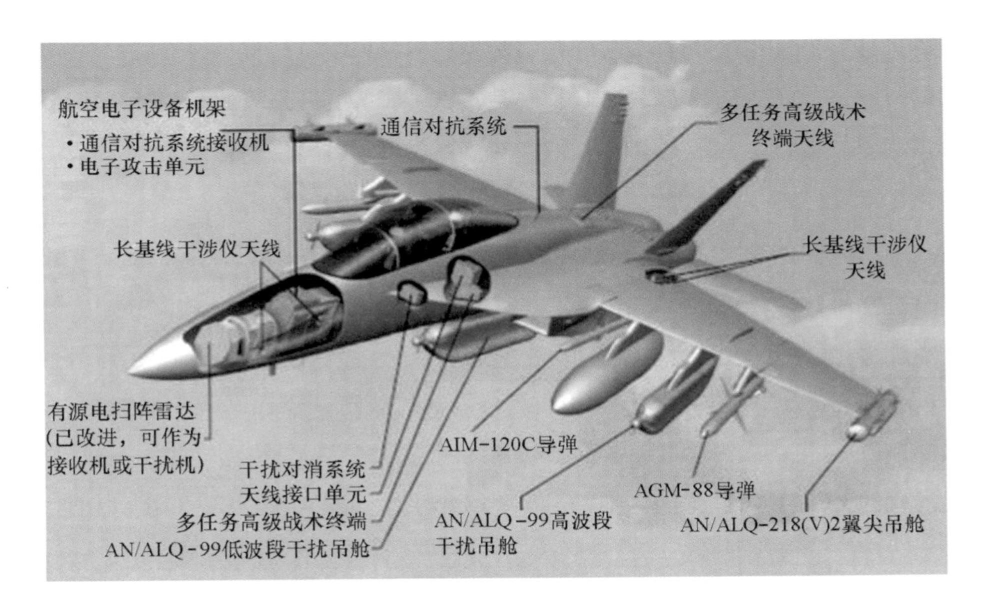

图 3－26　EA－18G 任务载荷示意图

EA－18G 还具有干扰消除通信能力，即在对外实施干扰的同时，采用主动“干扰对消技术”保证己方甚高频话音通信的畅通。据报道，2005 年 11 月，EA－18G 在帕塔克森特河海军航空站的微波暗室进行了干扰消除通信综合测试，测试获得了绝对的成功。

美国空军已对 B－52 轰炸机实施改装，使其成为具有防区外干扰能力的电子对抗飞机。改装后，B－52 飞机机翼外侧挂载两个大功率干扰吊舱，总发射功率相当于美国海军已退役的 6 架 EA－6B 电子对抗飞机的干扰功率之和。

2. EC－130H 和 EC－37B

美军的通信对抗专用飞机主要为 EC－130H，该飞机由 C－130 “大力神” 运输机改装而成，是美军的信息战主战飞机，具有通信侦察、情报收集和干扰发射系统，还有 AM/FM 的中短波无线电广播设备、VHF 和 UHF 全球制式的彩色电视制作和发射装置，可通过接收、分析和篡改技术，发送各种干扰和欺骗信息，控制战区的无线电广播、电视和军用通信，对军人和老百姓进行心理战，以获得最大的战场信息优势。EC－130H 可以同时压制 20 个无线通信链路，作用距离可达 300 千米。经过 Block 35 项目升级的 EC－130H 新增了雷达对抗设备，并能与 RC－135V/W 配合，为武器系统提供实时精确的目标指示。

随着时间的推移，新型 EC－37B “罗盘呼叫” 新载机（如图 3－27 所示）逐渐取代 EC－130H。在 2020 财年预算请求中，美国空军计划在 2019 财年末配备 13 架 EC－130H，2020 财年末配备 12 架 EC－130H 和 1 架 EC－37B。同时将仍在服役的 EC－130H 进行现代化改造，以提高其作战能力，降低维护成本。美国空军计划逐步用 10 架新型 EC－37B “罗盘呼叫” 新载机取代现有的 EC－130H。美国空军于 2018 财年采购了第 1 架 EC－37B，2019 财

图 3－27　EC－37B 电子对抗飞机

年采购了另外2架EC－37B，在2020财年预算请求中则提出以1.141亿美元采购第4架该型飞机。第一架EC－37B已于2023年5月4日完成首飞，项目进展顺利。

在EC－37B“罗盘呼叫”新载机中，70%的主要任务设备来自退役的EC－130H飞机且未做修改，而剩下的30%将采用新设备或加以改进的EC－130H中的设备。根据美国空军计划，“罗盘呼叫”新载机将提升航程、速度、续航能力和作战高度，确保美国空军能更好地在反介入或区域拒止环境中进行电子攻击。

3. **战斗机电子对抗装备**

美国空军对新一代战斗机均加装了电子对抗装备，保证其具有足够的电子对抗能力，无须再专门依靠电子对抗飞机的支持。

以F－35A联合攻击机为例，其装备的AN/ASQ－239电子对抗系统由英国BAE系统公司制造，于2019年2月宣布完成升级改造，如图3－28所示。系统能够进行雷达预警、确认电子发射器的地理位置和同步跟踪多架飞机，

图3－28　AN/ASQ－239EW/CM系统配置

并通过雷达提供较高增益（即高集成度无线天线）、高增益对抗措施与高增益电子攻击。这些电子对抗能力将提供较宽的频率覆盖范围、快速反应时间、高灵敏度和截获概率、精准定向、多机跟踪、自我保护对抗措施与干扰等功能。同时，该系统也向飞行员提供了强大的态势感知能力，能帮助其识别、监控、分析潜在威胁，并及时做出响应。其先进的航电设备和传感器能360°实时提供作战空间场景，最大限度地增加探测距离，能在飞行员规避、锁定、反制或干扰威胁时提供更多选项。这些能力也将在美国海军陆战队短距垂直起降（short take-off vertical landing，STOVL）型 F－35B 飞机和美国海军 F－35C舰载机上使用。

由于 F－35 拥有内置式电子对抗能力，因而不需要专用电子对抗飞机为其提供支持，这将减轻电子对抗飞机的负担，使其可专注于保护非隐身飞机。F－35 还具备干扰能力，通过对机载有源相控阵雷达进行干扰功能集成，即可提供 10 倍于传统飞机的干扰功率。

4. 其他支援式电子对抗装备

与传统的飞机、舰船相比，无人机能够更加靠近敌人，可以在距离敌方目标较近的地区施放干扰，或为有人驾驶飞机提供电子干扰掩护，以较小的干扰功率取得较好的干扰效果，从而担当起侦察、探测、压制防空、战场损伤评估等作战任务。同时，对己方电子设备的影响较小，因此也引起了人们对无人机机载干扰系统较高的研究热情。目前装备有干扰系统的“苍鹰”“勇敢者”“天眼”等无人机，已经能够对 20～40 吉赫兹频率内的通信信号进行干扰，且美陆军也对 RQ－5A“猎人”无人机进行了通信干扰机有效载荷的实验。

除了电子干扰飞机，支援式电子干扰装备还包括各类地面通信对抗装备，主要有固定式、车载式和便携式等电子干扰系统。

• 拓展阅读

美国的“预言家”系统，即美军 21 世纪综合陆基和直升机情报与电子对

抗通用传感器（intelligence electronic warfare common sensor，IEWCS）系统。该系统是在陆基通用传感器（ground-based common sensor，GBCS）系统、AN/MLQ－34TACJAM 系统和 ALQ－151 机载“快定”系统的基础上进行升级并将逐步替代它们的系统。“预言家”系统是一个标准的、不断发展的、具有互操作性和互换性的战术通信信号截获、测向和电子干扰装备，并以不断改进来压制新威胁。“预言家”系统能为师及师以上指挥官提供电子对抗和近实时情报支持，使其能够搜索、截获、识别和定位敌方常规通信、低截获概率通信和非通信信号，通过电子攻击压制使敌方指挥控制网和火控通信网失效。

俄军近年来大力发展陆基电子对抗系统。具体包括“摩尔曼斯克－BN”系统、“克拉苏哈”系统、“磁场－21”系统、“里尔－3”系统等。

2019 年 4 月末，俄军在其“飞地”加里宁格勒州部署了“摩尔曼斯克－BN”电子对抗系统，以压制欧洲军事无线电通信系统以及美军的短波全球通信系统（high frequency wave global communication system，HFGCS），如图 3－29 所示。“摩尔曼斯克－BN”电子对抗系统是一种在短波通信链路进行无线电干

图 3－29 “摩尔曼斯克－BN”系统

扰的系统，工作频段为 3～30 兆赫兹。由多个天线阵和多辆保障车组成，能够有选择地压制最大半径数千千米内的通信和控制通道，能够使潜在对手的战舰、战机、无人机和部队指挥部丧失短波通信能力。在“东方－2018”全军联合演习期间，俄罗斯首次使用该电子对抗系统进行大规模电子攻击，验证了俄电子对抗部队的超强作战能力。

2019 年 5 月，俄国防部宣布北方舰队完成电子对抗中心部署，通过部署“克拉苏哈”等系统建立覆盖北极地区的电子对抗系统。俄军事专家表示，若将这些系统部署在北极地区沿岸的科拉半岛和堪察加，则可切断北海航道全线的短波通信。

为加强边境反介入或区域拒止能力，俄军在与北约的边界附近地区部署“磁场－21”系统。该系统能够适应不同气候条件，可在－40 ℃严寒和 50 ℃高温下正常工作，通过阻断敌方制导武器和无人机的导航信号接收来对抗无人机，并降低巡航导弹作战效能，从而保护俄罗斯国家重要战略设施免遭袭击。该系统的无线电干扰站安装在 60 米高的通信塔上，与发射天线连成网络，一套系统可在覆盖区域内放置数百个无线电干扰站。

俄乌冲突前期，俄军使用“里尔－3”电子对抗系统对乌克兰民用通信实施干扰，使顿涅茨克地区所有手机和互联网业务中断，并向乌克兰政府军发送宣传短信。在俄乌冲突期间，俄军利用部署于克里米亚和加里宁格勒地区的“摩尔曼斯克－BN”短波侦察与干扰系统，侦察北约预警机和侦察机的通信，并对北约军机的指控和通信系统进行集中式的电子攻击，堵塞或阻断美军短波全球通信系统等在内的短波通信系统。

3.1.4.3 分布式干扰装备

分布式干扰通过飞机、火炮、导弹等载体，把众多小型干扰机投掷到战场纵深目标区的上空或地域，对敌方局部电磁环境进行监视并实施压制干扰，破坏处于该地域的战场通信网节点，使敌方无法进行协同而降低或丧失战斗力。分布式干扰装备具有不易被发现、近距离、小功率、低成本、强抗毁以及布设灵活、目标明确和易成网络等优异特点，同时由于距己方设备较远，能够有效地降低对己方电子设备的影响。美国、英国和俄罗斯等西方国家均高度重视分布式干扰系统，并开发和发展了多种分布式干扰装备投入实战使用。

美军“狼群”综合电子对抗系统是分布式干扰装备的典型代表，该系统是采用联网技术破坏敌方通信链路和雷达工作、部署在敌方防空系统附近的分布式网络化电子对抗系统。“狼群”综合电子对抗系统是按照狼群攻击猎物的战术思想而设计的陆基分布式干扰系统。所谓“狼”就是无人值守的电子侦察和电子干扰装置，而“狼群”就是由这些“狼”构成的综合电子对抗系统。该系统主要针对低功率、小型网络化的战术跳频通信系统和捷变频、旁瓣抵消的雷达等。“狼群”在战场上主要完成电子攻击、电子反侦察、压制敌方防空等功能。该系统工作时，采用人工设置、迫击炮投掷和空投等方式，将无人值守的电子侦察装置和电子干扰装置部署在敌方防空系统或重要目标的附近地域。每只“狼”都能够独立工作，对信号进行侦察、分析、识别，并对辐射源进行精确定位。同时，还可采用组网技术把“狼”连接成网络，形成“狼群”；整个“狼群”系统则能够为指挥官提供全天候的战场态势信息，并对关键性目标进行持续侦察、精确定位以及有针对性的干扰，具有高度的自适应性，能够满足不断变化的战场环境。

在科索沃和伊拉克战场上，美军早已将投掷分布式干扰系统用于实际作战行动。美军通过“雌狐”无人机挂载的通信干扰吊舱在指定地点投放AD-G/EXJAM分布式干扰机。投放后干扰机天线将自动展开，并进行自动化的程控及遥控单元的链接。投掷式干扰机工作时距敌方电子设备较近，其干扰效果往往比进行近距离支援的电子对抗飞机的干扰效果更好，是传统电子干扰手段的有效补充。

3.2 反辐射攻击

· 名词解释

– 反辐射攻击 –

反辐射攻击是以敌方电磁辐射信号作为制导信息，跟踪直至摧毁敌方电磁辐射源而采取的各种战术技术行动，主要的攻击对象是敌方的雷达系统。

目前，主要的反辐射攻击武器有反辐射导弹和反辐射无人机。反辐射攻击武器区别于其他精确制导武器的关键是导引头采用被动制导方式。由于需要通过接收并利用敌方雷达辐射源发出的电磁信号来控制武器寻的飞行，并以阻止敌方使用电磁频谱为目的，因而被列入电子对抗的范畴。反辐射攻击武器目前主要的攻击对象是敌方的雷达系统，故又称为反雷达武器。

3.2.1 反辐射攻击武器概述

3.2.1.1 反辐射攻击武器特点

作为电子对抗武器系统中的一种硬杀伤手段，反辐射攻击有着与电子对抗软杀伤手段（电子干扰）不同的特点。

- 电子干扰是对敌方防空雷达实施压制和欺骗，使其暂时失去探测能力，从而掩护己方作战飞机（军舰）完成突防任务；而反辐射攻击则是直接对敌方雷达辐射源实施攻击，使其完全毁坏，掩护己方飞机突防，其特点是对敌方雷达具有摧毁性打击能力。
- 攻击速度快，从发射到击中目标只需要短短 1 分钟左右的时间，因而可能使敌方雷达来不及关机就被摧毁。

- 攻击方式灵活，现代的反辐射攻击武器可以从雷达的各个方位进行攻击，反辐射无人机甚至可以从雷达的顶空进行俯冲攻击。而早期的反辐射攻击武器只能跟踪雷达的主瓣进行攻击。
- 现代反辐射攻击武器的导引头可以在很宽的频率范围内工作。
- 反辐射攻击武器对雷达实施摧毁性打击，属一次性使用的消耗性武器，且技术指标要求较高，因此武器的使用代价较大，一次投入，一次使用；而电子干扰设备可重复使用。相对来讲，反辐射攻击武器作战使用成本要高一些。

3.2.1.2 反辐射攻击武器分类

反辐射攻击武器的主要作战对象是敌方空中、海上和地面的各种防空雷达，包括预警雷达、目标指示雷达、地面控制截击雷达、地空导弹和高炮引导雷达、空中截击雷达以及相关的运载体（如飞机、军舰和地面雷达站）和操作人员。根据不同攻击方式，这类武器可分为反辐射导弹、反辐射无人机和反辐射炸弹三大类，每类反辐射攻击武器又可根据不同的战术应用分成许多不同的类型。

反辐射导弹。反辐射导弹由反辐射导引头、接收机及信号处理器、引信战斗部、发动机、飞行控制系统、导弹弹体等部分组成。反辐射导引头完成对雷达信号的捕捉和跟踪，通常需要在导弹待发射状态设置好目标雷达的具体参数，当导弹进入末制导阶段时搜索和捕捉指定的雷达信号，自动引导反辐射导弹攻击目标。目前，各国在役和在研的反辐射导弹有30余种型号。其中美国的“哈姆”反辐射导弹（AGM－88）是中近程反辐射导弹的典型代表。其射程一般在50～80千米，最大速度约为4倍音速，导引头有记忆功能，是世界上迄今最先进的现役反辐射攻击武器之一。

反辐射无人机。反辐射无人机是装有反辐射导引头的专用无人机，主要用于摧毁敌方的雷达。反辐射无人机虽然飞行速度不快，但由于体积小，在进入敌方防空区域时仍然难以被敌方的雷达系统发现。反辐射无人机装有反辐射导引头和导航系统（一般由 GPS 导航系统和惯性导航系统组成），在飞行过程的前期和中期为程控飞行，末期为被动制导飞行。反辐射无人机系统主要由情报侦察分系统、任务规划分系统和反辐射无人机平台三部分组成。反辐射无人机的工作过程主要经历如下几个环节：地面参数装订、发射后按编程航线飞行、目标搜索、俯冲攻击。反辐射无人机具有大角度俯冲后再拉起爬升的功能，在信号中断时，可以进行二次搜索，再次寻找敌方雷达，因此在对敌方雷达的压制过程中可起到特殊的威慑作用。美国一直积极研制这类反辐射攻击武器，典型的反辐射无人机包括：AGM－136，续航时间为 3～4 小时，导引头工作频率为 2 000～35 000 兆赫兹；“勇敢者”200，升限 3 000 米，速度为 225 千米/时，续航时间为 5 小时，导引头工作频率为 2 000～35 000兆赫兹；“勇敢者”3000，升限 7 500 米，速度为 750 千米/时，续航时间为 2～3 小时。

反辐射炸弹。反辐射炸弹是在炸弹弹身上安装可控制的弹翼和被动导引头，由导引头输出的雷达信号角度信息控制弹翼偏转，引导炸弹飞向目标。反辐射炸弹分为无动力反辐射炸弹和有动力反辐射炸弹两种。在无动力反辐射炸弹的使用过程中，载机需要飞至敌方雷达阵地附近，飞机具有较大的危险，攻击方只有具有较大的制空权优势，才能采用这种反辐射炸弹；有动力反辐射炸弹则类似于反辐射导弹，攻击命中精度较低，但其最大的特点是战斗部大，足以弥补精度的不足，因而其具有较低廉的成本。典型的反辐射炸弹是 MK－82 反辐射炸弹，其爆炸时弹片可飞至 300 米以外。

3.2.1.3 反辐射攻击武器组成

反辐射攻击武器的攻击机理主要是其攻击引导设备对雷达辐射源进行截获识别和定位，然后引导反辐射攻击武器系统跟踪，锁定雷达目标实施攻击。因此其共同的组成部分包括攻击引导设备和武器载体。下面以反辐射导弹为例，介绍反辐射攻击武器的组成。

1. 攻击引导设备

反辐射导弹攻击引导设备分为机载反辐射攻击引导设备、陆基反辐射攻击引导设备和舰载反辐射攻击引导设备。这些攻击引导设备的组成基本相同，由以下几部分构成：测向定位设备、测频设备、雷达信号处理设备、导弹发射控制设备、综合显示控制器、引导设备、导弹数据传输接口、其他相关机载设备的接口、其他传感器及设备，如图3－30所示。其中，核心技术是高精度的测向定位技术。

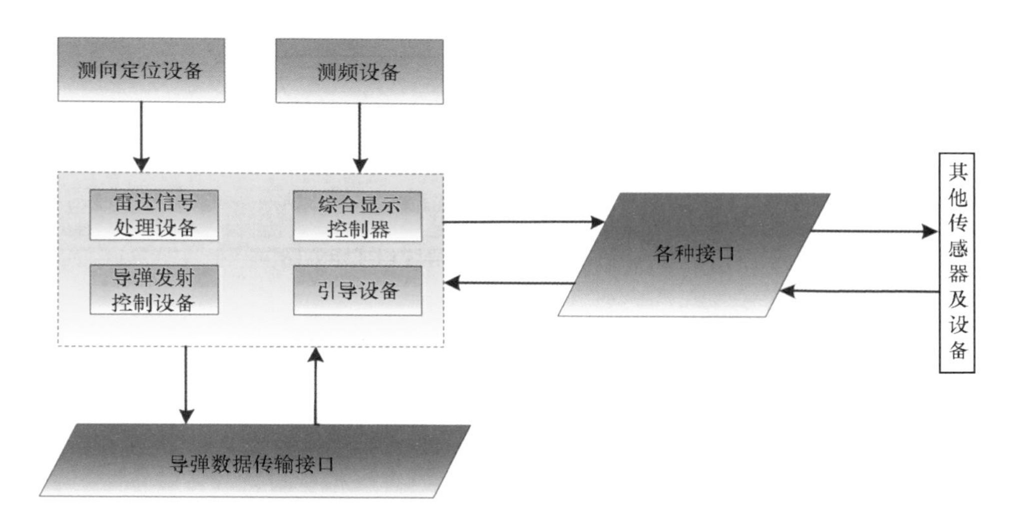

图3－30　机载、舰载、陆基反辐射导弹攻击引导设备构成方框图

攻击引导设备一般采用电子侦察设备，其自身不发射电磁波，而是通过接收雷达发射的电磁信号，测量其入射方位和特征参数（如雷达信号频率、脉冲宽度、重复周期以及雷达参数的变化范围及规律等），确定雷达的类型和位置。这是通过测向定位设备和测频设备完成的。

机载攻击引导设备（如F－4G反辐射导弹载机中的APR－38）可对飞机周围几十千米乃至几百千米的各种地面防空雷达进行侦察，根据一定的判别准则从中选出对飞机威胁最大的雷达信号（如已处于照射跟踪状态的地－空导弹制导雷达等），并将该雷达参数装订入反辐射导弹导引头，同时给飞行员提供告警信号（如灯光、音响告警等），最终发射导弹。这一切是通过导弹发射控制设备、综合显示控制器、引导设备、导弹和其他相关机载设备的接口等设备完成的。

2. 反辐射导弹载体

反辐射导弹的组成主要包括反辐射导引头、战斗部、电源、控制系统、双推力固体火箭发动机、弹体、弹翼、尾翼、喷管等，如图 3－31 所示。

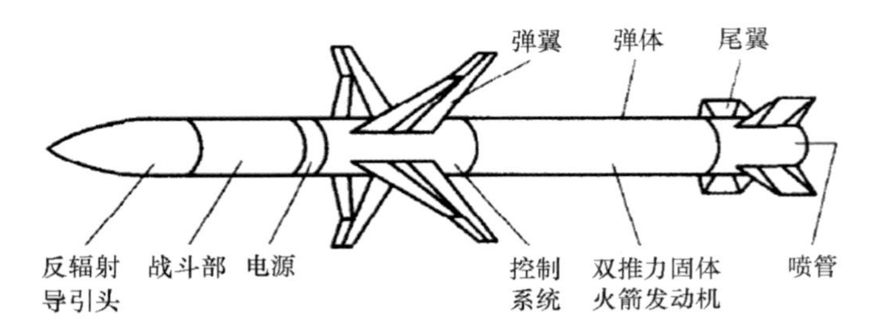

图 3－31 “哈姆”反辐射导弹组成示意图

其各组成部分的功能如下：

反辐射导引头： 主要包括天线和接收处理设备。天线接收雷达目标辐射的信号，接收处理设备获得由天线接收的信号。经放大、检波，再经信号处理器形成控制系统所需要的俯仰和方位控制指令。雷达目标信号中断时，实现记忆控制或转换到红外导引系统。

战斗部： 包括爆破引信和炸药。一般由外触发无线电引信和触发引信构成组合引爆装置。引爆的方法有两种：一是通过多普勒频率变化，接近目标时产生的多普勒频率偏移在变化点上为零，经过目标后又出现频率偏移，即达到引爆的时间，引爆延迟时间取决于多普勒滤波器的频带宽度；二是通过接收雷达振幅的变化，当通过两侧安置的引信天线接收的信号振幅大于通过导引头天线获得的信号振幅时即引爆。当雷达目标关机而使引爆信息中断时，可应用红外引信或主动近炸（雷达、光）引信。

电源： 保证供给导弹上的导引头、控制系统等各分系统正常工作所需的电源。

控制系统：将导引系统的指令转变为导弹航向的变化，通过气动舵或燃气流偏转装置控制导弹飞行。

双推力固体火箭发动机：由起动发动机和巡航发动机组成。起动发动机使导弹迅速加速，巡航发动机保证导弹正常飞行。

弹体：由导弹壳体、气动面、弹上结构及一些零部件连接组合而成的具有良好气动外形的导弹整体结构。

弹翼：使导弹产生升力的曲面结构。

尾翼：装在导弹尾部，起稳定和操纵作用的气动力面结构。

喷管：通过改变管段内壁结构的几何形状以加速气流的装置。

3.2.2 反辐射导弹使用方式

战略情报侦察是反辐射导弹战斗使用的基础，只有清楚敌方雷达及战场配置雷达的技术参数，并且储存在反辐射导弹计算机的数据库中，才能有效地掌握反辐射导弹智能化战斗使用方式。由于反辐射导弹大量采用了数字信号处理技术、计算机技术，并设置了数据库，反辐射导弹战斗使用方式很多。

3.2.2.1 反辐射导弹攻击目标方式

测定目标雷达位置和性能参数并储存到反辐射导弹计算机中，可引导反辐射导弹发射。反辐射导弹的攻击方式主要有两种：

中高空攻击方式。载机在中高空平直或小机动飞行，以自身为诱饵，诱使敌方雷达照射跟踪，满足发射反辐射导弹的有利条件。反辐射导弹发射后，载机仍按原航线继续飞行一段时间，以便使反辐射导弹导引头稳定可靠地跟踪目标雷达。显然，这种攻击方式命中率很高，但同时载机被敌方防空雷达击中的危险性也相当大。因此，目前大多数载机不再采用沿原航线继续飞行一段时间的方式，而采用计算机控制实现“发射后不管”。这种方式也称为直接瞄准发射攻击方式，如图3－32所示。

低空攻击方式。载机远在目标雷达作用距离之外，由低空发射反辐射导

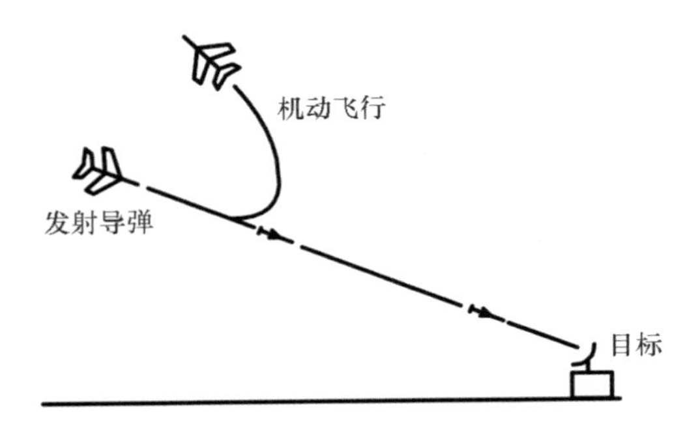

图 3－32　直接瞄准发射攻击方式

弹，导弹按既定的制导程序水平飞行一段时间后爬高，进入敌方目标雷达波束即转入自动寻的，采用这种方式可以保证载机的安全。这种方式也称为间接瞄准发射攻击方式，如图 3－33 所示。

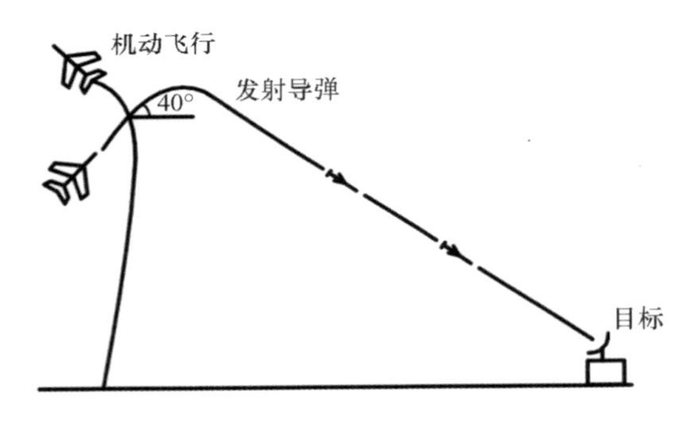

图 3－33　间接瞄准发射攻击方式

3.2.2.2　反辐射导弹战斗模式

不同的反辐射导弹有不同的工作方式，下面主要介绍两种典型反辐射导弹的战斗模式。

1. "哈姆"反辐射导弹

自卫模式。这是一种最基本的使用方式。它用于对付正在对载机（或载体）照射的陆基或舰载雷达。这种方式先用机载雷达告警系统探测威胁雷达信号，再由机载火控计算机对这些威胁信号及时进行分类、识别、评定威胁等级，选出要攻击的重点威胁目标，向导弹发出数字指令。驾驶员可以随时发射导弹，即使目标雷达在反辐射导弹导引头天线的视角之外，也可以发射导弹。导弹按预定程序飞行，直至导引头截获所要攻击的目标进入自行导引。

随机模式。这种方式用于对付未预料的时间内或地点上突然出现的目标。这种工作方式用反辐射导弹的被动雷达导引头作为传感器，对目标进行探测、识别、评定威胁等级，选定攻击目标。这种方式又可分为两种：一是在载机飞行过程中，被动雷达导引头处于工作状态，即对目标进行探测、判别、评定和选择或者用存储于档案中的各种威胁数据对目标进行搜索，实现对目标的选择，并将威胁数据显示给机组人员，使之向威胁最大的目标雷达发射导弹。二是向敌方防区概略瞄准发射，攻击随机目标。导弹发射后，导引头进行探测、判别、评定、选择攻击目标，选定攻击目标后自行引导。

预编程模式。根据先验参数和预计的弹道进行编程，在远距离上将反辐射导弹发射出去，反辐射导弹在接近目标过程中自行转入跟踪制导状态。导弹发射后，载机不再发出指令，反辐射导弹导引头有序地搜索和识别目标，并锁定威胁最大的目标或预先确定的目标。如果目标不辐射电磁波信号，导弹就自毁。

2. “阿拉姆”反辐射导弹

直接发射模式。这种方式下，被动雷达导引头一旦捕捉到目标，就立即发射导弹攻击目标。

伞投模式。这种方式是在高度比较低的情况下发射反辐射导弹。导弹爬升到12千米高空后，打开降落伞，开始几分钟的自动搜索，探测目标，并对其进行分类和识别，然后瞄准主要威胁或预定的某个目标。一旦被动雷达导引头选定了所要攻击的目标，就立即甩掉降落伞自行攻击目标。

伞投模式也称为伺机攻击方式，是对抗雷达关机的有效措施。此外，反辐射导弹在战斗使用中往往采用诱导战术——首先出动无人驾驶机，诱导敌方雷达开机，由侦察机探测目标雷达的信号和位置参数，再引导携带反辐射导弹的突防飞机发射反辐射导弹以摧毁目标雷达。

3.2.3 反辐射攻击系统发展趋势

反辐射攻击系统是电子对抗武器装备系列中有效的硬杀伤武器，经过50多年的研究，取得了很大的发展，目前正向超宽频带、复合制导、高精度、远射程（航程）的方向发展，以提高反辐射攻击武器的攻击效果，并扩大攻击目标范围。主要的发展趋势如下：

1. 复合制导

早期的反辐射攻击武器制导方式一般采用单一的微波被动寻的导引方式，可以采用雷达关机和欺骗干扰等方法来破坏导引头的正常工作，从而影响反辐射攻击武器的命中精度。为提高命中率，现代反辐射攻击技术在制导方法上采用了各种各样的复合制导方式：

被动寻的+主动雷达末制导。该方式主要在反辐射导弹中应用。导弹攻击轨道的初段和中段采用被动微波导引头制导，末段采用主动雷达（有厘米波与毫米波雷达等形式）末制导导引头制导。既可以保证对地面辐射源的确认和攻击，也可有效地对付攻击末段的各种干扰，实现高精度的攻击。

被动寻的+电视末制导。该方式可在反辐射导弹和反辐射无人机中得到应用。导弹攻击轨道的初段和中段采用被动微波导引头制导，末段采用电视末段制导导引头制导。既可以保证对地面辐射源的确认和攻击，也可有效地对付攻击末段的各种干扰（烟幕干扰除外），实现高精度的攻击。

被动寻的+红外末制导。该方式一般可在反辐射导弹和反辐射无人机中应用。导弹、无人机攻击轨道的初段和中段采用被动微波导引头制导，末段采用红外末制导导引头制导。既可以保证对辐射源的确认和攻击，也可有效地对付攻击末段的各种干扰（红外干扰弹除外），实现高精度的攻击。特别适用于对运动目标的攻击。

GPS中段制导+被动寻的+红外、主动雷达、电视末制导。该方式主要在实施远程攻击的反辐射无人机中应用。无人机攻击轨道的初段和中段采用

GPS 制导，根据目标的大致地理坐标及无人机所处空间位置引导无人机飞行，飞临目标区前沿后采用被动微波导引头制导，末段采用红外、主动雷达、电视等末制导导引头制导。既可以保证对远距离目标的攻击和对地面辐射源的确认和攻击，也可有效地对付攻击末段的各种干扰，提高反辐射无人机的攻击精度。

2. **增加航程**

“百舌鸟”“哈姆”等反辐射导弹作用距离都在 20 ~ 30 千米，属于近程导弹，由于战机距敌方导弹阵地较近，发射反辐射导弹后被其或相邻阵地发射的导弹击中的可能性仍然较大，在“百舌鸟”的战例中就有这种情况。国外目前正在研制中远程反辐射导弹，以增加攻击的隐蔽性和载机的安全性，如俄罗斯研制的“X－31П”反辐射导弹，有效射程约达 200 千米。此外，南非研制的反辐射无人机“LARK”，有效飞行距离为 400 ~ 800 千米。

3. **提升威力**

采用高效能的战斗部，提高单位体积炸药的爆炸威力以扩大战斗部的有效杀伤半径（采用所谓高爆战斗部）；采用高性能的引信（高精度的激光近炸引信与高可靠的触发引信等），以便当反辐射攻击武器处于对雷达破坏力最大的位置时使战斗部起爆。提高反辐射攻击系统的作战威力。

4. **扩展频段**

攻击武器正在由单一的攻击雷达向能攻击各种辐射源的武器发展，导引头工作频带从传统的雷达频带（1 ~ 18 吉赫兹）分别向两端延伸，低到米波频段，高到毫米波、红外、紫外频段。这是反辐射攻击武器很诱人的一种发展前景，可将世界上各种辐射源列入攻击范围，包括诸如各种通信设施的电磁辐射、电视发射台等。

5. **自动截获**

被动导引头具有目标截获距离远、末制导时间长的特点，采用先进的组合制导方式和自主截获跟踪技术后，可具有远距离发射、自主搜索和根据优先等级选择目标的能力。如美国研制的“默虹”AGM－136、北约的“阿拉姆”（ALARM）还具有空中巡逻的能力。

美军最新一代反辐射导弹 AGM－88E 正是具备了上述各个特点。AGM－88E 先进反辐射制导导弹（advanced anti-radiation guided missile，AARGM）是 AGM－88 系列的最新型号，拥有先进的数字反辐射寻的传感器、毫米波雷达末端导引头、全球定位系统或惯性导航系统制导、网络中心连接能力以及“武器命中评估”发射器，能够攻击和摧毁敌方防空系统甚至机动时敏目标。2019 年底，美国海军就列装了 1 000 多枚 AARGM。

3.3 定向能攻击

定向能攻击是指向一定方向发射高能量的射束，从而击毁敌方导弹、飞机、卫星等目标的战术技术措施。高能量射束主要是指高能激光、高功率微波、高能粒子等。

现代发展的典型定向能武器（directed energy weapon，DEW）包括高能激光（high-energy laser，HEL）武器、高功率微波（high-power microwave，HPM）武器等。

· 名词解释

－定向能武器－

定向能武器是利用沿一定方向发射的高能电磁波束直接摧毁和杀伤指定目标的一种新机理武器，又称为射束武器或聚能武器。

3.3.1 高能激光武器

高能激光武器以其巨大的能量密度，洞穿、引爆精确制导武器及空间武器等。其研制成本较高，但使用成本较低。例如对付“飞毛腿”导弹，发射一枚“爱国者”导弹费用高达数十万美元，而发射一次高能激光仅需几百至几千美元。近年来，美国倾入大量资金加快机载激光（airborne laser，ABL）武器、天基激光（space-based laser，SBL）武器、战术高能激光（tactical high-energy laser，THEL）武器、地基激光（ground-based laser，GBL）武器和舰载激光（ship-based laser，SBL）武器的研制。

典型的高能激光系统的作战系统通常包括三个子系统，即目标捕获和跟踪系统、大气补偿系统和激光打击系统。目标捕获和跟踪系统引导光束跟踪打击目标；大气补偿系统发射并接收信标照明光，估算大气抖动，由自适应光学系统对高能打击光束提前补偿；而激光打击系统的作用不言自明。

实际上最有效的光电干扰手段是光电致盲和光电摧毁，其中光电摧毁是光电对抗中最彻底、最直接的对抗办法。

· 拓展阅读

ABL武器系统由波音747－400型飞机平台、无源红外传感器、数十兆瓦功率的氧碘化学高能激光器和高精度光束控制的跟踪瞄准系统组成。在12千米高空和远离敌方90千米外领空巡航，对对方未确定的多枚战术导弹实施高效拦截并击落侦察卫星。每次战斗的飞行时间为12～18小时，每次射击时间为3～5秒。数十兆瓦的激光通过口径为1.5米的光束定向器发射，通过光学校正大气湍流后的跟踪瞄准精度高达0.1微弧度，足以攻击600千米远处的目标，摧毁29种导弹中的任何一种的压力燃料贮箱。它的作战过程是：先用机上360°视场的被动红外传感器探测目标，再采用波长为1.06微米的多光束激光器照明目标，经高分辨率成像传感器进行成像，通过主望远镜进行观察以获得良好的跟踪数据，随后引导信标激光和杀伤光束。信标激光比杀伤光束稍早一些发出，以便对杀伤光束所要经过的大气路径进行测量。杀伤光束在信标激光到达目标并返回后发出。

美国的“鹦鹉螺”（Nautilus）激光武器也称战术高能激光武器，由激光器指示、追踪、火控雷达和指挥控制中心 4 个主要部分组成，如图 3－34 所示。其指挥控制中心可同时追踪 15 个目标。激光束照射靶标 5 秒即可摧毁目标。系统有效射程为 10 千米，如果配以强大的电力支持，也可用于攻击飞机。

图 3－34　美国“鹦鹉螺”战术高能激光武器

2019 年 12 月，俄军列装了“佩列斯维特”激光作战系统用于保护“白杨－M”等战略导弹系统。其核心任务是执行防空任务，通过高能激光对来袭飞机造成损伤。

3.3.2　高功率微波武器

· 名词解释

－高功率微波武器－

高功率微波武器是利用非核方式在极短时间内产生非常高的微波功率，以极窄的定向波束直接射向目标，以摧毁其武器系统并杀伤作战人员的一种定向能武器。

高功率微波源在高功率脉冲驱动下产生高功率微波脉冲，由定向辐射天线将电磁波能量聚集在一个极窄的波束内，使微波能量高度密集地直接射向被攻击目标，对其进行杀伤和摧毁。

频率为0.3～300吉赫兹的电磁波属于微波，因此高功率微波武器又被称为微波辐射武器或射频武器。高功率微波就是功率非常高的微波，通常功率大于100兆瓦，发射脉冲宽度在几纳秒至几百纳秒之间。高功率微波武器有单次发射和重复发射的，重复发射的脉冲重复频率为几赫兹至几千赫兹。

高功率微波对作战人员也可产生毁伤作用。照射强度较弱时，可产生神经紊乱、记忆力衰退、心脏功能衰竭、失去知觉等非热效应的生理伤害；当照射达到中等或较强的强度时，会由于热效应产生皮肤烧伤甚至烧伤致死的伤害。

典型的高功率微波武器如苏联研制出的陆基高功率微波发射系统，装在3辆卡车上，辐射峰值功率为1吉瓦，杀伤距离为1～10千米。该系统主要用于保护重要的军事设施和作战指挥中心。

据报道，美国空军已经部署了若干反电子高功率微波先进导弹（counter-electronics high power microwave advanced missile project，CHAMP）。CHAMP是一种空射巡航导弹，可由B－52轰炸机发射，导弹飞行距离大约为1 126千米，能够低空突入敌方空域辐射高功率微波脉冲，使敌方电子设备失能，例如计算机网络、通信网络、电力网络、工业控制系统等均会受到扰乱和破坏。它借助巡航导弹精度高、射程远、突防能力强的特点，致力于对重要战略目标进行先遣电磁打击。2012年10月16日，在犹他州试验训练靶场对CHAMP进行了一次飞行试验。在CHAMP低空飞行的1小时内，沿线房屋中放置的计算机全部黑屏。2016年美国试验了多炮多目标高功率微波巡航导弹。美国计划在2024年左右实现联合空地防区外导弹增程型高功率微波武器，主要提高高功率源的效能，并减小系统的尺寸和质量；到2029年左右，将高功率微波武器集成到五代机或者无人机。

3.4 隐身

• 名词解释

– 隐身技术 –

减少武器平台的特征以免被检测到的技术被统称为低可观测技术，或更正式地被称为特征控制技术。低可观测技术能达到的极限被称为隐身技术。隐身技术主要研究降低目标 RCS 以及光电特征的方法。目标捕获（或辐射）的能量必须被散射、吸收或者对消掉，才能减少其被传感器探测到的信号特征。

隐身技术的本质是通过减少飞机、舰艇等武器平台自身的雷达、光电等特征，使雷达接收到的目标回波和光电探测系统接收到的光强度减弱，传感器信噪比降低。而这个过程等价于在保持雷达目标回波功率不变或者光强度不变的情况下，增加了噪声功率。因此，隐身也被视作一种电子进攻。

隐身技术已经用于许多飞机和其他平台。度量武器平台隐身技术水平的主要物理量是平台的 RCS 及其频带宽度，表 3－1 列出了隐身平台与非隐身平台的特征比较。

表 3－1 隐身平台与非隐身平台的特征比较

隐身飞行器		非隐身飞行器	
名称	RCS/m^2	名称	RCS/m^2
B－2	0.100	B－52	10.0
F－117A	0.020	F－4	6.0
F－22	0.050	MIG－21	4.0
AGM－129A	0.005	AGM－86B	1.0
AGM－136A	0.005	AGM－78	0.5
F－16	0.200～0.500	F－15	4.0

隐身技术尽管在多种武器平台上成功运用，但依然存在问题。如赋形设计在微波波段效果最好；但在较低频率上（如 VHF），结构体周围出现蠕波，故出现谐波效应，破坏其隐身特性，已有利用超地平线（over the horizon，OTH）雷达探测 B－2 的报道；在高频段（毫米波范围内），结构表面的粗糙不平往往会增大 RCS。

隐身飞机的典型例子包括 B－2、F－117、F－22 以及 F－35 等，这些飞机的 RCS 在 0.001～0.1 米^2 范围。瑞典的 Visby 级隐身护卫舰是低可观测军舰的例子。还有先进的巡航导弹 AGM－129A 采用了低可观测设计特征。下面以飞机 RCS 缩减为例，说明隐身给突防带来的优势。

由于雷达作用距离与 RCS 四次方根成正比，隐身飞机 RCS 的缩减使雷达作用距离随之缩减。图 3－35 给出了隐身目标对探测距离缩减的情况。若隐身目标为－15 分贝（即 RCS 缩减到 31.6%），则探测距离减小为原距离的 42%；若隐身目标为－30 分贝（即 RCS 缩减到 0.1%），则探测距离减小为原距离的 18%。由此可知，隐身目标对探测距离的缩减是非常显著的。因此，防空武器系统必须考虑来袭隐身目标的影响，否则，RCS 的缩减将会使防空体系失效。在隐身飞机与随机干扰配合使用的情况下，探测系统的探测空域

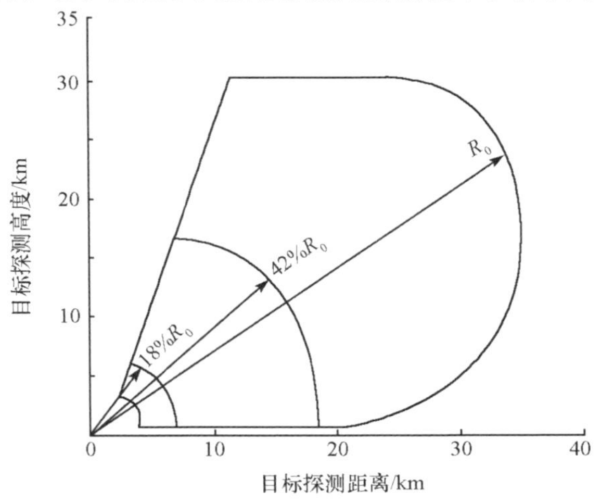

图 3－35　隐身目标对探测距离的缩减示意图

将进一步缩减。

隐身技术具有极大的非对称作战优势，许多国家大力发展隐身技术。本节重点介绍两种降低目标雷达回波的方法，即赋形与采用雷达吸波材料（radar absorbing material，RAM）。此外，新一代的隐身平台还采用了诸多光电隐身的技术或措施，使得平台的光电可探测性急剧降低。

3.4.1 赋形

减少 RCS 的方法中，赋形是最有效的。赋形的假设条件是雷达威胁将出现在可确定的有限立体锥角方向范围内。赋形的目的是控制目标表面的取向，使它们不在对着雷达接收机的方向上反射入射波。

F－117A 和 B－2 飞机使用了典型的赋形设计技术，如图 3－36 所示。

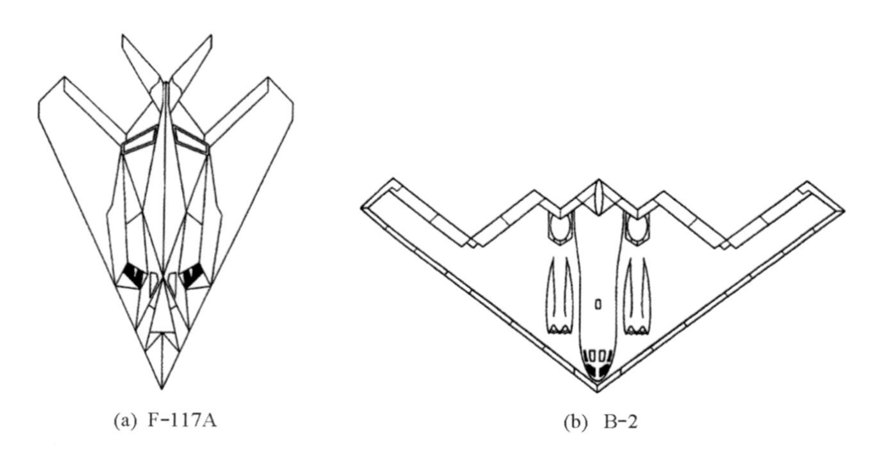

(a) F-117A　　(b) B-2

图 3－36　使用赋形技术减少目标 RCS

F－117A 平台由 18 个直线部分组成，被配置在 4 个主要方向上。当雷达信号照射到飞机上时，它会在偏离辐射源的几个特定的较窄角度范围之一的方向上离开。

B－2 使用了比 F－117A 更先进的隐身技术。只有 4 个角的平台式的反射雷达信号的方向数目减少到最小，B－2 平台由 12 个直线段构成，每一个都调整到 4 个方向中的 1 个方向上。其他的特征有：弯曲引擎进气管；埋入式引擎以降低红外辐射（infrared radiation，IR）特征，并用隔音板降低声学特征；在机翼前边缘下面安装了嵌入式低截获（low probability of intercept，LPI）雷达，并采用高性能的电子支援测量（electronic support measure，ESM）系统，从而降低射频辐射特征。

3.4.2 雷达吸波材料

雷达吸波材料吸收了部分入射能量，从而降低反射波能量。当RF信号照射到RAM上时，RAM的分子结构被激发，此过程中将RF能量转变为热能，RAM以这种方式吸收部分入射信号，减少了反射回去的雷达信号。通常使用四种RAM：宽带RAM、窄带或谐振式RAM、混合RAM以及表面涂层。

雷达吸波材料选择性用于飞机，能显著降低飞机的RCS，尤其是产生高反射的区域。

3.4.3 光电隐身

现代军事技术已经达到了“发现即摧毁”的水平。因此，要提高武器装备的生存能力，就要降低目标被探测、发现和摧毁的概率，这促进了光电隐身技术的飞速发展。

光电隐身是通过改变被保护目标及其背景的某些光电特征，使敌方光电武器或设备难以发现目标，从而达到隐蔽己方目标、避免被敌方光电侦测系统侦测或欺骗干扰敌方光电武器或设备、保护己方目标的目的。

从隐蔽己方目标、避免被敌方光电侦测系统侦测的角度出发，光电隐身通常被作为己方武器系统或重要目标反光电侦察的一种对抗手段；而从欺骗干扰敌方光电武器或设备、保护己方目标的角度看，光电隐身也可以看作一种光电无源干扰手段。

光电隐身技术具体可分为可见光隐身、红外隐身和激光隐身三大类。

3.4.3.1 可见光隐身

可见光隐身是指消除、减小、改变或模拟目标与背景之间在可见光波段的亮度与颜色差别的技术，主要用来对抗工作在可见光波段的各种侦察器材的侦察，包括目视观察、照相侦察和电视侦察等。

可见光隐身通常采用涂料迷彩，对目标实施迷彩伪装可分为保护、仿造、变形三种。保护迷彩是适合某一种背景的单色迷彩，适合于在单色背景上的固定目标和小型目标；仿造迷彩是在目标表面上仿制周围背景斑点图案的多色迷彩，适合于在多色背景上的相对固定的目标；变形迷彩是由各种不定形斑点组成的多色迷彩，仅用于处在多色背景上的活动目标。由于迷彩的部分斑点与背景相融合，成为背景的一部分，而其他斑点又与背景形成明显差别，从而歪曲了目标的外形，使目标难以辨认。它可使活动目标在活动地域内的各种背景上都产生变形，从而达到隐身的效果。例如，F-35上应用的电致变化材料可有效降低飞机的可见光特性，这种电致变化材料是一种能发光的聚合物薄膜。在通电时，薄膜可以发光并改变颜色，不同的电压会使薄膜发出蓝色、灰色、白色的光，还可形成浓淡不同的色调。把这种薄膜贴在飞机表面，通过控制电压大小，便能使飞机的颜色与天空背景一致。

3.4.3.2 红外隐身

红外隐身是指消除、减小、改变或模拟目标和背景之间辐射特性的差别，以对抗热红外探测所实施的隐身。红外隐身的目的是使目标与背景在热红外波段的辐射特性一致。主要根据热成像系统的工作原理采用红外遮蔽、红外融合和红外变形等手段对目标实施红外隐身。采用红外隐身技术后，可以改变红外自身辐射特性，并使其温度接近周围环境的温度，这样就可降低被发现概率。

目前，红外隐身已成为提高军用战斗武器生存能力的重要措施，飞机、导弹、战舰和坦克都已采用了红外抑制技术。采取涂覆红外隐身材料的装甲车红外图像如图3－37所示。

(a) 涂覆隐身材料前

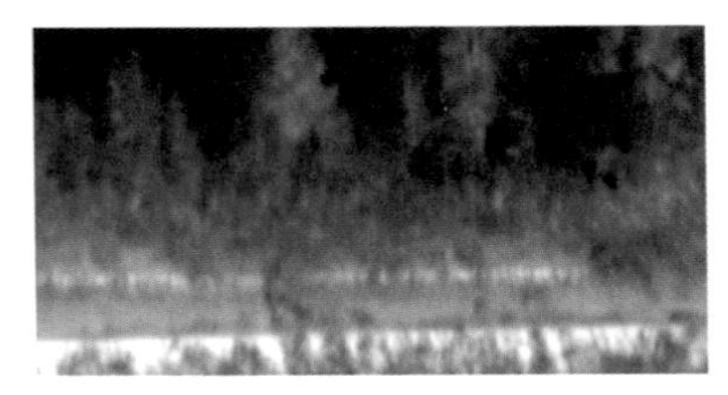

(b) 涂覆隐身材料后

图3－37 使用红外隐身技术减少目标RCS

舰船红外隐身的重点是对烟囱及排出燃气的热辐射进行抑制，因为其产生的红外辐射占整个舰船的90%以上，极易被红外弹探测捕获。国内外对舰船红外隐身采取的主要方法有：将发动机和辅助设备的排气管路安装在吃水线以下，减少热辐射；在舰船表面涂覆绝热层，减弱对太阳能的吸收并降低辐射；在烟囱表面和发动机排气管路四周，安装冷却系统和绝热隔层；对船体发热表面进行喷水降温或者将冷空气吸进发动机排气道上部，对金属表面及排出的燃气进行冷却等。

战斗机采取的红外隐身措施有：采用综合抑制技术对发动机的高温辐射源加以抑制；用涡扇发动机代替涡喷发动机，降低发动机及其尾焰的红外辐射强度；使用特殊燃料降低燃烧温度；采用波瓣混合喷管或二元喷管降低排气温度；将喷口改装在机体上方，遮挡向前下方的红外辐射；在飞行器表面涂覆掩饰材料，起隔热和降低红外辐射的作用等。

· 拓展阅读

F－22采用了矢量可调管壁来降低发动机及其尾焰的红外辐射强度，同时在发动机尾喷管里装设了液态氮槽来降低喷嘴的出口温度。在F－22的表面、发动机、后机身及排气系统等红外辐射源集中的部位涂覆了工作在8～14微米波段的低辐射率红外涂料，使该机具有更好的红外隐身特性。F－35维护隐身性能所需的外场工作量及费用比二代隐身飞机均下降近一半，其生产成本和隐身维护所需费用比 F－22 大幅度降低。它采用的隐身涂料也更具耐久性、抗毁性且易于维修。

采用上述综合措施后，战斗机的红外辐射强度可减少约 90%，即降低 1 个数量级。如此，防空导弹的红外导引系统探测能力只有原来的约 30%，极大削弱了导弹的作战能力，增强了战斗机自卫及进攻的效能。

3.4.3.3 激光隐身

激光隐身是通过减少目标对激光的反射和散射信号，使目标具有低可探测性，从而降低目标被敌方发现的概率，使被探测的距离缩短的一种技术。

激光隐身在原理上与雷达隐身有许多相似之处，它们都以降低反射截面为目的。激光隐身是要降低目标的激光散射截面，与此有关的是降低目标的散射系数，及减小相对于激光束横截面区的有效目标区域。由脉冲激光测距机的测距方程可知，对于漫反射大目标，激光测距机的最大测程与目标反射率的二分之一次方成正比；对于漫反射小目标，激光测距机的最大测程与目标反射率的四分之一次方成正比。因此，要削弱激光测距机的测距能力、缩短其最大测程、实现激光隐身，必须降低目标对激光的反射率。

激光隐身主要是对抗目前战场上使用的激光武器系统，包括激光测距机、激光目标指示器、激光雷达和激光制导武器，主要是指 1.06 微米、1.54 微米、10.6 微米激光的隐身。其中，1.06 微米激光隐身最重要，因为目前的激光制导炸弹、导弹、炮弹等的激光工作波长主要是 1.06 微米。

激光隐身是要尽可能地降低激光回波信号的强度：一方面可以降低目标的激光散射截面，另一方面可以降低目标的散射系数，从而使目标被敌方发现的概率降低，使被探测的距离缩短。激光隐身采取的主要手段有外形技术和材料技术。

● 外形技术主要是通过改变目标的几何外形，以减小其激光散射截面。改变外形减小激光散射截面的基本方法有：消除可产生角反射效应的外形组合，变后向散射为非后向散射；在平滑表面、边缘棱角、尖端、间隙、缺口和交叉接面，用边缘衍射代替镜面反射，或用小面积平板外形代替曲边外形，向扁平方向压缩，减小正面激光散射截面积；缩小外形尺寸，遮挡或收起外装武器，减少散射源数量等。例如，美国新一代隐身飞机“捕食鸟”W形尾翼和装置在机翼上的活动控制面，能够隐藏可引起激光散射的隙缝。机体的顶部和底部设计均采用无缝弯曲技术，上下两部分在机体的各个边缘处连接在一起。设计总体上遵从12条直线，驾驶舱盖的凹陷设计以及起落架的设计使其与机体和机翼在一条直线上，有效反射点减少到6个。美国海军AGM－84E“斯拉姆增强型”导弹的头部改为楔形，弹翼改为折叠翼，增强了隐身性能；挪威的新一代超音速隐身反舰导弹采用了扁平弹体加梯形短翼和X形尾翼及弹腹动力舱的紧凑布局，按隐身原理进行低探测性设计，以获得更小的激光散射截面。瑞典“维斯比”隐身护卫舰表面光滑而平整，除了一座平顺圆滑的锥形塔台和一座隐身火炮外，甲板上几乎无任何多余的设施。导弹、反潜武器及反水雷设备均安装在上甲板以下部位，并加有遮盖装置。这就使上层建筑的激光波反射大大降低，达到了很好的隐身效果。

● 材料技术主要应用于激光隐身材料的设计与制备方面，设计出具有高吸收、低反射的材料体系，并制备出吸收性能好的隐身材料。主要包括：

吸波材料。主要用于吸收照射在目标上的光波，其吸收能力取决于材料的磁导率和介电常数，吸收波长取决于材料厚度。吸波材料按使用方法可分为涂料与结构型两大类：涂料可涂覆在目标表面，降低目标对激光的后向散射，但在极端条件下涂层容易脱落；结构型是通过制作一些特殊形状如蜂窝状、波纹状、棱锥状等的结构，然后涂覆吸波材料或将吸波材料复合到这些结构中。

光致变色材料。利用某些介质的化学特性，使入射激光穿透或反射后变成为另一波长的激光。

透射材料和导光材料。透射材料是指能让光透射而无反射的材料。从原理上讲，透射材料后应有一光束终止介质，否则仍会有反射或散射光存在。

导光材料是使入射到目标表面的激光能够通过某些渠道传输到另外一些方面或方向上去，以减少直接反射回波。

纳米隐身材料。把纳米材料应用于涂料可以制得多波段隐身的纳米隐身涂料：一是由于纳米粒子尺寸远小于红外及雷达波波长，纳米材料对这些范围的波的透过率比常规材料要强得多，这在很大程度上减小了对波的反射率，使得红外探测器和雷达接收到的反射信号变得很微弱，从而达到隐身的效果；二是由于纳米粒子的比表面积比常规粉体大3~4个数量级，对红外光和电磁波的吸收率也比常规材料大得多。这样入射到涂料内部的电磁波与隐身涂料相互发生电导损耗、高频介质损耗、磁滞损耗，并将电磁能转化成热能，导致电磁波能量衰减，这就使得探测器得到的信号强度大大降低，起到隐身作用。

第4章
电子防御

善守者，藏于九地之下；善攻者，动于九天之上，故能自保而全胜也。

——孙武

4.1 电子防御概念

敌方的电子侦察和电子进攻将给己方电子信息设备及武器系统带来极大的影响。己方电子信息设备和系统若不采取有效的电子防御措施，将意味着使用即被发现，发现即被干扰或摧毁，从而陷入无线电通信联络中断、雷达迷盲、制导兵器失控、指挥协同混乱的被动局面，严重影响己方战略和战役目的的达成。

· 名词解释

– 电子防御 –

电子防御是指使用电子或者其他技术手段，在敌方实施电子对抗侦察及电子进攻时或己方实施电子进攻时，为保护己方电子信息系统、电子设备及相关武器系统或人员的作战效能而采取的各种战术技术措施和行动。

电子防御是夺取战场制电磁权的一个不可忽视的重要方面，其主要任务是在受到敌方电子对抗威胁时，以及在己方实施电子进攻时，尽量减少己方电子设备和武器系统受到的影响，保障设备和武器的有效工作。

电子防御所针对的对象主要是敌方的电子对抗侦察手段和电子干扰、反辐射导弹、定向能武器等电子进攻手段，以及己方各类大功率辐射设备产生的自扰。其手段主要包括电磁辐射控制、电磁加固、战场电磁兼容以及电子信息装备的反侦察、反干扰、抗反辐射攻击武器攻击等。需要注意，电子防御不仅包括防护敌方电子对抗活动对己方装备、人员的影响，而且包括防护己方电子对抗活动对己方装备、人员的影响。

电磁辐射控制是要保护好己方的作战频率，尽量减少己方电子设备的电磁辐射时间，降低不必要的电磁辐射，降低无意的电磁泄漏，从而降低被敌方侦察、干扰和破坏所造成的影响。

电磁加固是采用电磁屏蔽、大功率保护等措施来防止高能微波脉冲、高能激光等耦合至军用电子设备内部，从而干扰或烧毁高灵敏的器件，以防止或削弱超级干扰机、高能微波武器、高能激光武器对电子装备工作的影响。

战场电磁兼容是协调己方电子设备和电子对抗设备的工作频率，进行电磁兼容性设计，以防止己方电子对抗设备干扰己方的其他电子设备。

电子防御不仅仅取决于战时的防护措施和行动，还依赖于平时长期不懈的防护工作。如果平时电子信息装备电磁特征发生泄露，战时就将面临更大的电子干扰和被反辐射攻击武器摧毁的风险。战时电子防御的任务是综合运用多种手段和措施，反敌电子侦察、电子干扰，抗反辐射攻击武器摧毁和定向能武器破坏，保障己方电子信息系统、设备正常发挥效能，为作战胜利创造条件。平时电子防御的主要任务是合理使用电子信息系统、设备，反敌电子侦察，避免有害干扰，保障己方电子信息系统、设备正常发挥效能。

电子防御是一项复杂的经常性工作。搞好电子防御，必须做好下列几方面的工作。首先，要树立正确的电子防御观念。从指挥员到雷达通信等电子系统的使用者，都要牢固树立反侦察、反干扰和抗反辐射攻击的观念。其次，要针对性地掌握敌方电子对抗力量，特别是电子侦察与攻击装备的类型、数量和技术性能。再次，要根据敌方电子对抗装备的性能和活动规律，全面系统分析己方电子信息系统存在的问题与薄弱环节，包括技术和战术运用的问题与缺点，为制订电子防御计划提供依据。最后，要经常组织雷达、通信等反侦察、反干扰、抗反辐射攻击训练，提高电子防御作战能力。

4.2 反电子侦察

电子对抗侦察是实施电子干扰和反辐射攻击武器摧毁的先决条件，因此反电子侦察是反电子干扰和抗反辐射攻击武器摧毁的重要基础。欲使电子对抗侦察获得有价值的电子情报需要满足的基本条件归纳起来有两条：一是电子对抗侦察装备可以截获电子设备发出的电磁信号；二是能够从纷繁的信号环境中分离出有用的信号，提取出关于辐射源的基本信息，最终识别出辐射源。从原理上来说，反电子侦察就是要破坏这些基本条件，从而达到破坏敌方电子对抗侦察能力的目的。根据专业对象不同，可以分为雷达反电子侦察、通信反侦察等。

4.2.1 雷达反电子侦察

雷达反电子侦察是指防止敌方截获并利用己方雷达信号获取有关情报而

采取的战术技术措施。

在战场上，如果没有采取必需的反侦察技术或战术，雷达很容易被敌方发现、监视和跟踪。为了提高雷达的战场生存力，保障雷达安全、可靠地工作，各级指挥员必须重视雷达反侦察工作。

雷达反电子侦察的目的就是使对方的电子侦察接收机不能（或难以）截获和识别辐射源信号。难于被侦察接收机截获的信号，被称为低截获概率信号；具有难于被侦察接收机截获性质的雷达，统称为低截获雷达。

下面从技术和战术两个方面分别介绍如何降低雷达的截获因子。

4.2.1.1 雷达反电子侦察技术手段

降低截获因子的主要技术手段包括：

脉冲压缩技术。雷达采用脉冲压缩技术的基本目的是通过发射大的时宽带宽积信号，以获得大的距离分辨率、速度分辨率并兼顾作用距离，且可以降低雷达的峰值功率，如图 4－1 所示。脉冲压缩雷达发射较大带宽的信号，接收时通过匹配滤波实现对脉冲的压缩。由于采用了大带宽、大时宽信号，信号在时域上表现出较低的峰值功率，在频域上也有平坦且较低的功率谱，因此无论在时域还是在频域都增加了侦察接收机截获信号的难度。其次，脉冲压缩雷达信号的形式较为复杂，通常使用线性调频信号、非线性调频信号、相位编码信号等，对这些信号的识别和参数估计也较困难。由此可见，采用脉冲压缩技术可以有效地提高雷达反侦察能力。

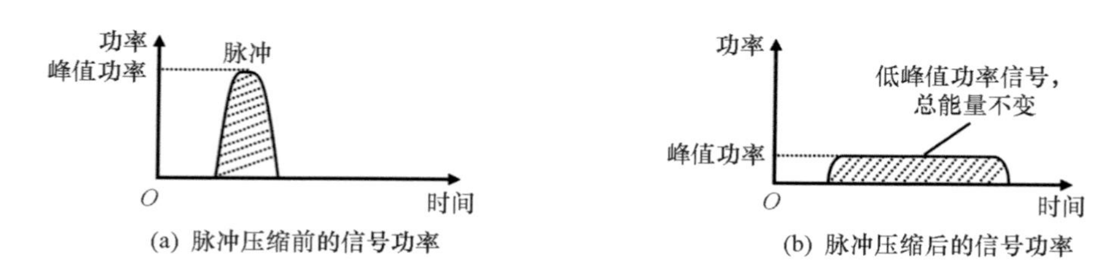

图 4－1 脉冲压缩技术可以降低峰值功率

低旁瓣天线设计。在现代雷达系统中，为了提高雷达的探测性能和目标参数测量精度，雷达天线主波束宽度通常很窄。因此，侦察系统要想从雷达天线主波束方向截获接收雷达信号是很困难的，侦察截获的概率很低。但是，雷达有一个难以克服的弱点，就是雷达天线除了有很窄的主波束外，还有占相当大辐射空间的雷达天线副瓣，这为侦察系统提供了侦察截获雷达信号的有利条件。现代雷达对雷达天线副瓣电平提出了很高的技术指标，比如要求天线最大副瓣电平比主波束低50分贝。雷达天线副瓣电平越低，则侦察系统要能达到相同的侦察距离就必须提高侦察接收机灵敏度，这就增加了侦察系统的设计难度。通过电扫相控阵技术实现窄波束、超低旁瓣天线以及天线波束随机扫描，能够有效地减小信号被截获的概率。天线波束越窄，扫描时天线主瓣停留在敌方侦察接收机上的时间越短，加上随机扫描，敌方侦察接收机难以捕获主瓣信号；同时结合低旁瓣技术，敌方侦察接收机难以在空域有效截获旁瓣信号，所以采用空域低截获概率设计能有效提高雷达的反侦察能力。

雷达功率管理技术。降低辐射源信号的峰值功率，将使得截获因子减小。采用功率管理技术，可以使截获概率保持在尽可能小的程度。雷达功率管理的原则是雷达在目标方向上辐射的能量只要够用（有效检测和跟踪目标）就行，尽量将发射功率控制在较低的数值上。雷达功率管理技术通常适用于测高和跟踪雷达，用于边搜索边跟踪，而不适用于搜索雷达，因为它必须在很大范围内连续搜索小目标。

复杂波形技术。截获因子与侦察接收机的损耗因子成反比，而损耗因子包括侦察接收机的失配损耗。通常，侦察接收机无法对雷达信号进行匹配接收，而是以失配的方式进行接收，所以会产生失配损耗。失配损耗的大小与侦察接收机的接收形式密切相关，雷达发射的信号越复杂，失配损耗越大，侦察接收机的损耗因子越大，截获因子越小。另外，雷达采用波形复杂的信号（例如瞬间随机捷变频，重复周期、极化甚至脉宽跳变等），可以使侦察接收机即使截获了雷达信号，也无法进行有效的分选和识别，从而无法提供雷达的信息。

4.2.1.2 雷达反电子侦察战术措施

雷达反电子侦察的战术措施有很多，主要有以下两种：

1. 周密计划，合理部署

根据作战任务和战场态势，从电子防御总体作战意图出发，周密计划，合理部署，正确地选择雷达阵地，在有利于完成作战任务的前提下，尽可能选择便于隐蔽和实施伪装的阵地，同时建立一些预备阵地。

配置一定数量的机动雷达。机动雷达具有较好的反侦察能力。在作战中，可以采用机动雷达时，要尽量采用机动雷达来执行作战任务，同时要及时做必要的机动，以防敌方侦察、监视和跟踪。

结合运用雷达反侦察设备与光电侦察设备、电子对抗侦察设备。光电设备具有很强的电子反侦察能力，因为光电设备要么不辐射电磁波，要么波束极窄，很难被侦察。因此，把雷达反侦察设备、光电侦察设备和电子对抗侦察设备有机结合，组成一个综合电子信息系统。在可以用光电设备和雷达对抗侦察设备实施侦察时，尽量不用雷达。这样不仅可以提高电子信息系统的雷达反侦察能力，还可以提高情报的可靠性和增加情报的信息量。

设置假阵地、假雷达。采用建议的辐射源发射假信号，或派出佯攻编队，故意进行雷达暴露，使敌方真假难分，难以判断己方真实雷达信号和行动意图。

2. 控制辐射，巧用战术

在雷达部队执行作战任务过程中，充分重视雷达反侦察能力，正确运用雷达，发挥各种雷达的技术和战术优势，巧用战术，提高雷达网的整体反侦察能力。

减少辐射时间。在保证雷达开展正常工作、完成任务的前提下，开机工作时间越短越好。通过减少雷达设备的开机发射时间，降低雷达辐射电磁波引起暴露的概率，缩短对方截获电子信号的有效时间，造成敌方侦测困难，起到反侦察作用。

控制雷达发射功率。通过控制发射信号的功率强度，降低雷达辐射信号的能量，起到能量隐蔽的作用，增加对方侦收电磁波的难度，也是降低被截获概率的一种有效技术途径，技术实现上可通过改变发射脉冲信号的重复周期和时宽来实现。

控制雷达的辐射方向。在保证完成任务的前提下，尽量不要向敌方电子侦察阵地方向辐射信号。

控制雷达信号参数和工作模式的使用，特别是对雷达工作频率、脉冲调制样式等重要参数应按规定使用，对备用频率和工作模式要控制使用。

在维修和调试雷达过程中，尽量采用假负载，需要向外辐射信号时，尽量避免向敌方辐射。

严格遵守应答器的使用规定，每次应答不得超过规定时间。

及时掌握敌方电子侦察卫星过境时间和电子侦察飞机及其他侦察平台的活动情况，并采取必要的反侦察措施。

4.2.2 通信反侦察

通信反侦察是在敌方实施通信对抗侦察的条件下，为降低和避免敌方获取己方通信情报而采取的技术与战术措施。通信反侦察要注重平战结合。特别是在和平时期，出于政治、经济、军事的不同目的以及军事斗争准备的需要，潜在对手之间、国家之间甚至地区之间，运用各类通信对抗侦察平台如卫星、飞机以及分散部署的地面侦察站等，有计划、有针对性地进行通信对抗侦察。

4.2.2.1 通信反侦察技术手段

跳频技术。跳频技术是目前最有效的通信反侦察技术之一，目前超短波电台采用中速跳频就可以对付各种可能的电子对抗措施。跳频信号具有驻留时间短的优点，可避免被侦察接收和测向。高速跳频信号不仅限制了接收机对跳频信号的响应时间，且能降低所需的发射功率，从而增加被侦察、截获的难度。

直接序列扩频技术。该技术是利用一个高速的数字编码序列（伪随机序列）对承载信息的载波进行调制。采用直接序列扩频技术后，信号功率分布在整个射频带宽上，信号能量以很低的功率谱密度传送，使通信对抗侦察接收机无法或很难对其实施搜索、截获和跟踪。如美国的 MX－170C 扩频系统，其信息带宽为 3 千赫兹，扩频带宽为 600 千赫兹，信号淹没在噪声中（信噪比为－13 分贝）以低谱密度传输，相干解扩后的信噪比为 7 分贝，接收良好，若用一般侦察接收机进行截获，只能听到一片噪声。

猝发通信技术。猝发通信技术是一种速率极高的通信方式。通信前，发射方首先将信息存储起来，然后以比正常速度高 10～100 倍甚至更高的速度发送出去。猝发通信一次传输时间仅需几秒钟，信号在信道中暴露的时间极短，通信对抗侦察很难对其进行截获、测向和定位。

信源编码技术。信源编码技术将要传输的模拟信号变成数字信号，在满足一定信息重组质量的条件下，降低要传输的数据量。由于传输功率等于每比特的传输能量乘以通信比特速率，信源编码技术可以降低通信信号的传输功率，从而减小被侦察、截获的概率。

检错纠错技术。采用信道编码等检错纠错技术，能使通信发射机在保持通信质量的条件下发射功率降低到最低限度。通信接收机接收的信噪比往往很低，为减小被截获的概率，必然会出现解调错误，因此需要通过检错技术进行信息恢复。

定向天线技术。使用定向天线可以将发射功率集中到所需的方向，从而降低发射机功率，同时降低可能被截获方向上的功率辐射，使得只有在紧邻通信发射机和接收机视距的地域内，通信对抗侦察才可能有效。

功率控制技术。采用功率控制技术，可以将发射功率始终保持在满足可靠通信所需的最低电平上，从而降低被截获的概率。

新的通信手段。采用诸如光缆通信、激光通信、微波接力通信、卫星通信等新的通信手段，可有效降低被截获概率。

4.2.2.2 通信反侦察战术措施

控制电台发信的时间和频率。在规定的时间、地域内，禁止无线电发信，防敌侦听，隐蔽部队行动目的。同时，充分利用野战通信线路，综合运用各种通信力量建立有、无线交织的通信网络，减少电磁辐射。还可将通信双方的发信频率调整到广播电台频率附近，或者将通信双方的发信频率置于自然干扰信号附近，造成敌方侦听错觉或侦听困难。此外，在保证通信的前提下，尽可能缩短呼叫、会话和工作的时间。

控制电台发信的功率、方向。利用部分装备功率可调的原理，在不影响通信的前提下，适时减小电台发射功率，控制电波辐射范围，使敌方难以侦听。分析各类天线传播方向、增益等特性，灵活选用，降低辐射强度。同时，根据电波的传播特性，利用地形、地物，将无线电通信设备配置在背敌面，以减少向敌方的电磁辐射，达到隐蔽己方通信的目的。

密化通信内容。在无线电通信中必须严格控制无线电明语通话，用无线电通信时应严格按照规定使用密语和密码通信，即对通信内容进行密化。密化的方法包括人工加密、机器加密和隐真加密。其中，人工加密、解密的耗时较长，及时性较差；机器加密是利用专用的加密设备进行加密、解密，使用方便快捷；隐真加密是指将信息附加在吹风、吹哨、暗语、广播电台、天气信息之中，从而将通信信息密化。

实施无线电通信伪装。包括伪装报头、隐蔽呼号、一频一呼等措施。

组织无线电佯动。一是在作战的次要方向突然增加无线电通信电台的数量和联络的对象，模拟较大规模的部队行动，有效转移敌方通信侦察的重心。二是当己方作战部署变更或通信系统转移时，组织少量通信部队按原网络联络，以牵制敌方通信侦察力量。三是在正常的通报中，发假电报，有计划地进行无线电通信“泄密”。四是按部队指挥关系建立假的无线电通信网，设置假的联络对象。

4.3 反电子干扰

4.3.1 雷达反干扰

雷达反干扰是指为降低和避免敌方的雷达干扰，保证己方雷达正常工作效能而采取的综合技术与战术措施。目的在于保障己方雷达不被敌方干扰，能够正常、可靠地进行目标探测。做好雷达反干扰，是避免雷达在对抗条件下从“千里眼”变成“近视眼”的关键。

4.3.1.1 雷达反干扰技术手段

信号波形选择反干扰技术。雷达波形的设计是雷达总体设计工作的一部分，应当根据雷达的用途、威力、精度、分辨力、反干扰能力等技战术指标，以及实现这种信号的发射机、接收机、信号处理设备等主要组成部分在技术上实现的难易程度和经济性加以全面的考虑。在复杂的电磁干扰环境下，选择不同的反干扰性能的雷达波形是一个十分复杂的问题，从反干扰的基本概念出发，比较理想的反干扰信号波形应当具有大时宽、大频宽和复杂内部结构。

空间选择反干扰技术。雷达工作的空间环境十分复杂，存在着各种有源和无源干扰。空间选择反干扰（又称雷达空间对抗）是指尽量减少雷达在空间上受到敌方侦察干扰的机会，或者使雷达天线波束工作在干扰较弱的空间，以便能更好地发挥雷达的性能。空间选择反干扰技术的核心包括低旁瓣和超低旁瓣天线技术、空间滤波技术、旁瓣对消技术、旁瓣消隐技术、天线自适应反干扰技术、天线扫描捷变反干扰技术等。

极化选择反干扰技术。极化和振幅、相位一样，是雷达信号的特征之一。雷达天线一般选用一定的极化方式，以最好地接收相同极化的信号，抑制正交极化的信号。不同形状和材料的物体有不同的极化反射特性，在对特定的目标回波的极化特性有深刻的了解后，雷达可以利用这些先验信息，根据所接收的目标回波的极化特性分辨和识别干扰背景里的目标。

功率选择反干扰技术。功率对抗是反有源干扰特别是反主瓣干扰的一个重要措施。通过增大雷达的发射功率、延长在目标上的波束驻留时间或增加天线增益，都可增大回波信号功率，提高接收信干比，有利于发现和跟踪目标。功率对抗的方法包括增大单管的峰值功率、脉冲压缩技术、功率合成、波束合成、提高脉冲重复频率等。

频率选择反干扰技术。频域对抗是雷达反有源干扰最有效和最重要的一个方面，广义上的频域对抗包括为夺取电磁频谱优势所采取的一切技术手段。频率选择反干扰技术就是利用雷达信号与干扰信号频域特征的差别来滤除干扰。当雷达迅速改变工作频率跳出频率干扰范围时，就可以避开干扰。常用频率选择反干扰方法包括选择靠近敌方雷达射频的频率工作、开辟新频段、频率捷变、频率分集等。

4.3.1.2 雷达反干扰战术措施

在复杂的电磁干扰环境中，仅使用某种反干扰技术是不够的，为了保证对抗的成功，还应充分研究战术反干扰措施，并进一步发展成综合反干扰手段，即采用战术和技术的方法综合反干扰，主要包括以下内容：

多种反干扰技术相结合。单一的反干扰措施只能对付某种单一的干扰，比如捷变频技术只能反有源干扰不能反无源干扰；单脉冲雷达只能反角度欺骗干扰不能反距离欺骗干扰，综合多种反干扰措施才能有效提高反干扰能力。

多制式雷达组网。将位于一定作战区域内的多部、多种类雷达组网可形成一个十分复杂的雷达信号空间，占据很宽频带，而且通过数据传递使它们的情报能相互支援、相互补充并综合联成一个有机整体，实现在空域、时域、频域、调制域上的多重覆盖。其反干扰能力不仅是各雷达反干扰能力的代数和，而且将发生质的变化。具体方法包括：一是将不同频率的雷达交错部署，增大相邻雷达频率差，分散敌方干扰功率，减轻干扰影响；二是将新老雷达混合部署以增强反干扰的互补性；三是将常用雷达与隐蔽雷达重叠部署，一旦常用雷达被干扰可启用隐蔽雷达掌握空情；四是与光学、红外设备和激光雷达配合使用，当雷达受到严重干扰时，利用光学设备不受电磁干扰和地面多径影响的优点来完成目标跟踪和导弹制导等任务；五是采用空基雷达与地面雷达、固定雷达与机动雷达相结合的立体、动态部署，以提高雷达网的稳定性。

4.3.2 通信反干扰

通信反干扰是在敌方实施通信对抗的条件下，为降低和避免敌方的通信干扰而采取的综合技术与战术措施。目的在于保障己方通信不被敌方干扰，正常、可靠地进行通信联络。通信反干扰是反电子干扰的重要组成部分，也是通信电子防御的主要内容。

随着通信对抗侦察技术的发展，通信信号被侦察到的概率大大增加，因此通信信号被干扰的可能性也明显提高。要保证可靠、正常地进行通信联络，必须采取各种措施实施积极有效的通信反干扰。

4.3.2.1 通信反干扰技术手段

通信反干扰的措施很多，可以从时域、频域、空域、功率域等多方面实现多维空间的反干扰。从通信角度看，其本质在于提高通信信号的信干比。其中，跳频技术、直接序列扩频技术、猝发通信技术、定向天线技术等与反侦察技术手段一致。

跳频技术。对于跳频系统来说，只有当干扰在每次频率跳变的时隙内、干扰频率恰好位于跳频频道上时，干扰才有效。显然发生这种情况的概率是极低的。特别是对于中速和快速跳频系统来说，即使有几个频道被干扰，丢失的信息也非常少，不会使语言变得不可理解。宽带阻塞式干扰对跳频通信有一定的干扰效果，但要求的干扰功率大，且易造成己方无法利用被干扰频段进行通信的后果。对跳频通信威胁较大的是跟踪式干扰机，而在跳变速度较高、信道停留时间很短的情况下，要做到实时跟踪跳频信号非常困难。

直接序列扩频技术。直接序列扩频技术具有很高的处理增益，反干扰性能强。但直接序列扩频电台组网工作时，邻近电台之间的相互干扰十分严重，即远近效应。因此必须选用满足正交性的码字以消除相互干扰引起的误码，并通过控制电台功率降低邻近电台之间的影响。

猝发通信技术。猝发通信一次传输时间极短，做到了以快取胜，具有极高的反干扰性能。尤其是利用流星余迹进行的流星猝发通信，在遭受核攻击后仍能够保持通信顺畅。

定向天线技术。使用定向天线，将发射功率集中到接收机的方向，提高通信接收机的信干比。

信号转发和分集技术。信号转发就是通信信号不走原来的通信信道，而是经过转发器转接，并在转发器上对信号进行一定的处理，以提高反干扰性能。中继转发器可采用双频工作作为频率分集，一个频率是直接通道上的，另一个是转发通道上的，这样可以提高信号质量。

通信组网技术。没有组网能力的通信设备是不能适应现代电磁信号环境威胁的。通信网络体系结构可帮助实施通信反干扰。如组网缩短了链路的距离，有助于反干扰。网内多路由则提供了一种信号分集措施，降低了网内某些电台或某些路径被严重干扰造成的影响程度。同时，电台组网对己方电台间的相互干扰也有一定的控制作用。

自适应技术。自适应技术具有很强的反干扰性能，包括自适应天线技术等。自适应天线技术反干扰的原理是当接收机收到干扰时，天线阵方向图的波束零点自动对准干扰方向，从而自动避开敌方的干扰信号，提高接收的信干比。采用自适应信道选择技术，可随时监视通信信道的情况，及时准确地发现和识别敌方施放的电子干扰的种类和特性，迅速采取相应的反干扰措施，必要时自动转换到其他可用的信道上继续通信。采用自适应功率选择技术，能根据干扰电平的高低自动适时调整通信发射机的输出功率，使信号电平随干扰电平的变化而变化。

新的通信手段。采用诸如光缆通信、激光通信、微波接力通信等新的通信手段。

4.3.2.2 通信反干扰战术措施

在通信反干扰技术的基础上，必须采取有力的战术措施，才能够确保通信安全。同时，如果能够采取合适的反干扰战术手段，完全可以减弱甚至规避敌方的通信干扰。通信反干扰的主要战术措施包括：

频率不变，直接对抗。提高通信发射机的辐射功率，提高通信发射机和接收机在通信线路方向上的天线增益；或者通信短暂静默，当敌方因听不到己方信号而产生怀疑，进而停止干扰时，伺机突然发信；也可采用欺骗改频的方法，使用暗语约定假改频，同时实施短暂静默。

改变频率，摆脱干扰。可以采取的措施包括微改频、异常改频、预约改频、波段改频等。微改频就是遇到干扰时，将工作频率改高或改低，在干扰信号的边缘工作；异常改频就是在遇到干扰时，大幅度地改用通常不采用的频率工作；预约改频就是通信算法预先约定遇到干扰时自行改到约定的频率上；波段改频只需扳动发信机的波段开关而不用转动频率刻度盘的一种快速改频方法；还可以将通信频点置于敌方主要通信网络工作频率附近，使敌方干扰同样对其通信造成干扰。

加强组织，组网工作。可以采取的措施包括建立值班台、建立隐蔽网、复式组网和环形组网等。复式组网使用两套以上不同功率、不同程式、不同频率范围的无线电通信设备，保障同一通信任务；环形组网在组织无线电接力通信时，改变传统的点对点、一条线的组织方式，建立环形无线电接力通信网络，通过中间落地部分话路实现多回路的接力通信。

压制或摧毁干扰源。当敌方实施通信干扰时，同样可对敌方通信干扰设备实施干扰或破坏。可对敌方通信侦察引导设备进行干扰，使其无法正常指示目标。在条件允许的情况下，同样可以对敌方干扰设备进行精确测向定位，实施火力摧毁。

在实际使用中，通信反干扰具体战术的应用灵活多变，需要根据具体的战场情况进行有针对性的部署。例如，可以使用大功率电台发信，牵制敌方干扰力量，减小敌方干扰电台对己方小功率电台的干扰压力，掩护小功率电台正常通信；采用多频工作方式，发信方使用数部不同程式或不同频率的电台，通过一键多控，同时传输同一信息。

4.4 反隐身

4.4.1 隐身飞机的弱点

目前，世界上投入使用的隐身飞机有多种，主要是美国的F－22战斗机、F－35战斗机、F－117A战斗轰炸机和B－2战略轰炸机。隐身飞机虽然具有对雷达“隐身”的功能，但也有如下弱点：

隐身飞机不能绝对隐身。隐身飞机并不是神话中的“隐形人”，它不能绝对隐身。它只是在现代军用飞机上采取各种设计和技术措施以降低雷达、红外等可探测特性。对于雷达隐身而言，要求将雷达被反射峰值尽量集中在某些方向的狭小角度范围内，以及吸收某些雷达波，以使雷达发现目标的概率降低、距离缩小。飞机上容易散射辐射的部分见表4－1。因此，只要改进和完善雷达、红外和可见光等探测技术，发展反隐身技术，隐身飞机是可以被探测的。

表4－1 飞机上容易散射辐射的部分

重点方位	主要强散射源部件	强散射源类型
机头方向 0°±40°～0±60°	座舱、雷达天线舱进气道	镜面反射及边缘衍射
侧向	机身、垂尾、机翼、尾翼	镜面反射、边缘衍射、爬行波
后向	尾喷管、机翼后缘	镜面反射、边缘衍射

隐身技术对飞机性能可能带来不利影响。为了追求低可探测特性，隐身飞机采取了一系列整体设计，涂覆吸波材料等措施，而这些措施（如采用较大的机翼前后缘后掠角、较小的机翼展弦比、多面体机身及翼形等）有可能损害飞机的空气动力特性，降低飞机的巡航升阻比，缩短飞机的航程和续航时间。有些措施，如减小甚至取消某些控制面将对飞机的操作稳定特性带来不利的影响；采取“S”形隐身进气道设计以及设置进气道栅格等，意味着增大进气道总压恢复系数（即进气道工作效率）的损失，而且这个损失会随进气道数的增大而急剧增大，进而造成飞机飞行性能的下降。

隐身技术引起飞机质量的增加。为了使飞机隐身，要求武器、燃油和其他外挂物全部内装，机身必然庞大，导致飞机质量增加；涂覆雷达吸波材料以减小雷达反射面积，也会使飞机总质量增加。例如，涂覆雷达吸波材料使得F－22飞机的总质量增加了60千克。质量增大必然导致飞机飞行性能下降。

隐身技术对飞机维修带来不利影响。由于雷达吸波材料的使用，需要加以额外的维护、测试和评估，增大了飞机维护工作量。要使飞机具有隐身性能相当困难，但要使其丧失隐身性能却很容易。例如，美国F－117A的前身验证机“海弗蓝”隐身飞机，在一次试飞中，该机表面上的一个不规则平板上的三个固定螺钉没有上紧，伸出3毫米左右，导致该隐身飞机被相距93千米之外的美国空军“白沙”基地雷达探测发现。

4.4.2 反隐身技术手段

隐身技术一运用，反隐身技术就应运而生。基本的反隐身技术一般包括：外辐射源雷达、低频雷达、双（多）基地雷达、毫米波雷达、激光雷达以及一些非雷达传感器。

外辐射源雷达。利用广播电视等第三方辐射器发射的电磁波照射目标产生的回波发现隐身目标。

低频雷达。目标的RCS值是度量目标反雷达隐身能力的物理量，很显然与目标形状、尺寸、反射性能，以及入射电磁波频率、极化（偏振）等因素有关。如F－117战斗机的雷达截面与不同频率的关系见表4－2。目前广泛采用的吸波材料的频率特征范围基本在1～20吉赫兹频段内，对在甚高频频段工作的米波雷达和在高频频段工作的天波超视距雷达进行反隐身探测在理论上是可行的。天波后向散射超视距OTH－B雷达已进入实用阶段，美国计划将12部TRS－71型天波超视距雷达重新部署，与E－2C和E－3A预警飞机配合，为美国海军提供早期预警。地波超视距雷达可克服天波超视距雷达数百千米的近距离盲区和天波传播特性不稳定的缺点，而且距离分辨率与跟踪精度较高，低空监视能力强，近年来，美国、俄罗斯、英国、加拿大等国均致力于此项研究，部分产品已投入使用。俄罗斯研制出一种新型米波雷达，采用标准模块化设计，可灵活组合成所需类型的雷达，诸如车载、舰载、机载等雷达，以监测目标的距离、方位、高度、速度；美国海军推出的AN/FPS－40E米波雷达，具有反隐身和抗反辐射导弹的能力；意大利研制了一种三坐标相控阵米波雷达；法国正开发一种宽频带、平面随机稀疏分布米波雷达，并与德国联合研制一种可工作在厘米波和米波的ALW－3型双波段超视距舰载预警雷达。

表4－2　F－117战斗机的雷达截面在不同频率上的估值

波段	RCS/m^2	RCS平均值/m^2
X	0.001～0.005	0.003
S	0.003～0.016	0.010
L	0.010～0.050	0.030
UHF	0.017～0.083	0.050
VHF（150 MHz）	0.060～0.320	0.180
VHF（100 MHz）	0.100～0.500	0.300

双（多）基地雷达。双（多）基地雷达系统将发射、接收分置，在空间上分散设置若干个基地。若使两站处于大双基地角（如大于130°）探测，合

理布置，可迅速增加对隐身目标的 RCS 值，能较早发现目标，显示出有效对付隐身目标的优越性。大多数隐身飞机在其正前方设计较多的隐身措施，因而其上方很容易被探测。据此，双（多）基地雷达系统的布站正由陆基站向气球载、机载、星载的方向发展，构成地面与空间一体化的雷达网络，从上方、下方、侧面多方探测，进一步增强探测隐身目标、抗干扰、反摧毁的能力。

毫米波雷达。毫米波雷达具有频带宽、波束窄、分辨率高、传输信息量大等特点，工作频率超出雷达隐身吸波材料范围，一般工作在 30～300 吉赫兹范围内的 4 个窗口，对隐身目标具有较强的探测能力。其不足是毫米波传播衰减严重，探测距离近。

激光雷达。隐身飞机在飞行时，其尾部会喷出大量含有碳氢化合物的强尾焰气流，其密度超过背景大气密度的 100 倍。激光雷达由激光发射机、光学接收机、信息处理系统等部分组成，通过探测隐身飞机尾部喷出的大量碳氢化合物尾焰气流来跟踪目标。连续波激光雷达灵敏度高，在探测隐身目标和成像方面有一定优势，是激光雷达的发展方向。

其他手段。其他反隐身思路则是采用一些非传统雷达传感器。例如，利用隐身飞机发动机排放的废气和空气动力学形成的飞机尾流，包括探测翼尖涡流和机翼与机身表面之间可形成尾流的边界层产物。美国国家海洋和大气管理局已经开发了一种能探测和跟踪这种涡流的近距探测传感器，作为飞机在接近机场时面临危险气流状况的告警办法。

4.4.3 反隐身战术措施

扩展频段，曲线布阵。利用隐身技术的空间局限，即一般隐身目标的最小雷达截面积照射方向为正前方，在机翼及底、顶方有较强的反射，应将雷达网在前沿和重点目标周围按曲线形布阵，构成多犄角方位交叉态势，以保证侧翼有效探测。

功率分集，超视探测。基于信号探测最终取决于功率信噪比的原理，应增加雷达发射功率以保证对低可观测目标的有效探测。在具体应用中可将雷达的功率设计为正常功率与储备（隐蔽）功率两级。在探测普通目标时，采用正常发射功率；在探测隐身目标时，启用储备功率。超视距雷达可在隐身目标的低频率窗口进行探测；而天波超视距雷达的顶向照射特性，还使隐身目标的空间窗口突然洞开，所以不失为对付隐身目标的有效方法。

组网建群，信息融合。依不同实际进行雷达优化组网，特别是组建机动性强、自动化程度高的雷达群，并采用先进的多源信息融合技术进行信息提取与情报综合，将是反隐身的有效途径。雷达群应以覆盖米波、分米波、厘米波波段的三部至四部先进雷达为探测源，且辅以情报综合系统，通过采用分布式星形链路方式，既可采用主从式又可采用分布式进行工作。

4.5 抗反辐射攻击

4.5.1 反辐射攻击武器的局限性

反辐射攻击武器经历了几十年的发展之后，其技术已日益成熟。但是反辐射攻击武器也存在许多不足之处，其局限性正是防御反辐射攻击武器要利用的方面，是实施对抗的突破口。反辐射攻击武器的局限性主要在于：

空间运动的局限性。①方向特性：由于反辐射导弹是靠其被动式雷达导引头单脉冲测角技术导向目标，反辐射导弹通常的运动规律是在离开载机后向目标连续地径向移动，其速度取决于制导率。根据反辐射导弹的这个运动特点，可以较快地区别反辐射导弹与其他目标，从而采取对抗措施。②导引头的局限性：尽管大多数新型反辐射导弹的导引头已具有很宽的工作频率范围，但是被动导引头的分辨角大，抗两点源干扰能力差，又由于反辐射导弹的弹径受限制，天线孔径尺寸较小，对于工作频率较低的雷达、甚高频雷达仍难以实现高精度测角。

性能的限制。反辐射导弹由于体积小，其性能也受到了一些限制。除上述的导引头频带宽度外，还包括以下几个方面：战斗部较小，威力不足，难以摧毁具有坚固防护设施的雷达装置；导引头的灵敏度虽已有了很大提高，但仍有不足，特别是对配有超低副瓣的平面阵天线的环扫监视雷达，难以实现精确跟踪。

工作原理的限制。反辐射导弹的工作原理决定了它只能攻击正在辐射电磁波的雷达，以及虽已停止辐射但其位置已知并被反辐射导引头“记住”的雷达。因此，反辐射导弹必须有辐射源辐射信号才能正常工作。利用反辐射导弹对辐射源的依赖性这一点，只要设计具有良好机动性和很高隐蔽能力的雷达，同样也可以对抗反辐射导弹。

被动导引头与目标信号失配。被动导引头被动接收各种体制雷达和各种调制样式的信号，所接收信号是未知的。因此，被动导引头接收机与所接收信号是失配的。以脉冲压缩信号为例，导引头只能作低幅值宽脉冲信号处理，这样就相对降低了被动导引头的灵敏度。

综合上述反辐射攻击武器的局限性，可以采用三种思路实现抗反辐射攻击：

- 采取各种雷达反侦察手段，使敌方难以发现己方雷达；
- 采用各种战术措施，使敌方反辐射攻击武器难以瞄准目标；
- 加强防护措施，使敌方反辐射攻击武器无法摧毁己方雷达。

下面从技术手段和战术措施两个方面具体叙述。

4.5.2 抗反辐射攻击的技术手段

4.5.2.1 针对反辐射攻击的低截获技术

雷达反侦察的那些低截获概率技术对于躲过反辐射导引头的截获与跟踪都是有效的，因此采取低截获概率技术是雷达抗反辐射导弹的重要手段。有关低截获概率技术在4.2.1节中有详细介绍，下面仅举一例说明。在低截获概率技术中尤其重要的是低天线旁瓣。当天线旁瓣低到在反辐射导弹发射之前或飞行的大部分航程内雷达不被发现时，反辐射导弹就不能掌握最好的发射时机和航路，雷达受攻击的可能性就降低了，这也迫使摧毁的一方要花费更大的代价提高导引头接收机灵敏度，提高智能化程度，从而降低了反辐射导弹的效用。

4.5.2.2 新体制雷达

新体制雷达主要包括以下四类：

毫米波雷达。反辐射攻击武器一般采用四喇叭天线单脉冲导引头，其口径至少应大于目标信号的半波长。如果雷达工作在毫米波波段，反辐射攻击武器天线难以做得如此之大。

双（多）基地雷达。双（多）基地雷达就是将雷达发射机和接收机分别配置在有一定距离的地方。通常接收机设在战区前沿，发射机在后方。由于接收机静默，不易受反辐射导弹攻击；发射机则远在反辐射攻击武器射程外。

分置式雷达。分置式雷达的发射系统和接收系统分置在数百米的范围内，接收机可以是单个或多个的。接收机保持静默，不受反辐射攻击武器攻击；发射系统由 2～3 部发射机做等功率、同频、锁相、同步工作，合成一个波束，因此反辐射攻击武器只能跟踪它们的等效相位中心，不会击中它们中的任何一个。例如，美国陆军从20 世纪80 年代开始就为“爱国者”“霍克”等地空导弹系统研制分置式雷达。

超视距雷达。超视距雷达工作在 2～30 兆赫兹频段范围内，是一种利用电磁波在电离层与地面之间反射或电磁波在地球表面绕射的雷达。由于其波长太大，反辐射攻击武器无法对其实施攻击。

4.5.2.3 诱饵诱偏

抗反辐射攻击另外一种行之有效的方法是诱偏反辐射攻击武器的航向，使它瞄准到雷达之外的地方。为了做到这一点，在地面雷达阵地的附近放置若干个小发射机，将它们和雷达发射机通过电缆连接起来，在雷达发射脉冲的时候，它们也同时发射同样的雷达信号。这些小发射机也称为诱偏装置，或者称为诱饵。它们和雷达的位置相对于反辐射导弹构成一个小的夹角，就如同角欺骗电子干扰中的两点源干扰，对导引头起到引偏的作用，最终使导弹打到雷达和诱偏装置之间的某个安全的位置上，从而保护雷达。反辐射诱饵作战的原理如图 4 -2 所示。

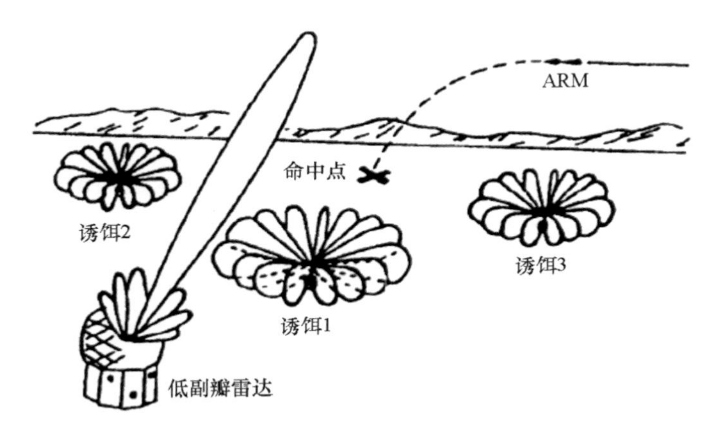

图 4 -2　反辐射诱饵作战示意图

诱饵可以采用非相干诱饵源也可以采用相干诱饵源。

1. 非相干诱饵源

采用非相干源时，其诱饵辐射源的工作频率、发射波形、脉冲定时及扫描特征等与雷达发射机完全一致，雷达脉冲和诱饵脉冲相位可以不同步。一般要求诱饵源天线波束较宽，可以覆盖大面积空域。由于可以控制雷达主波束不指向反辐射导弹，所以只要诱饵源的辐射功率不低于雷达旁瓣的辐射功率即可，这样可以保证不干扰雷达的正常工作。

非相干诱饵诱偏系统有两种工作方式。一是保持雷达的正常工作，当探测到来袭反辐射导弹时，调节诱饵的辐射时间，使诱饵脉冲和雷达脉冲同时到达反辐射导弹，此时反辐射导弹的测角跟踪系统将失效，最终将攻击雷达和诱饵辐射的功率重心。二是在探测到反辐射导弹来袭时，诱饵源和雷达交替开机，对反辐射导弹形成“闪烁”干扰，反辐射导弹时而跟踪诱饵时而跟踪雷达，最终被引向诱饵或其他安全的地方，如图4－3所示。

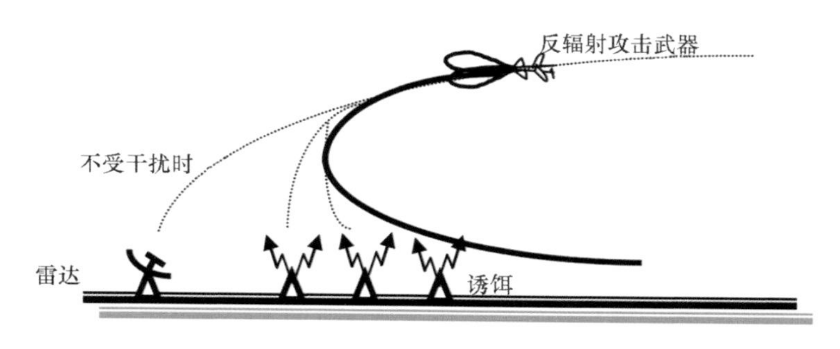

图4－3 “闪烁”诱偏原理示意图

2. 相干诱饵源

采用相干诱饵源时，需使诱饵辐射源辐射信号与雷达辐射信号构成一定的相位关系，如180°。时差可由计算机根据阵地配置和目标来进行调整，使真假辐射信号同时到达反辐射导弹导引头，此时可以根据需要调节诱饵和雷达信号的相位关系，控制反辐射导弹的飞向，引导其远离所有辐射源。两点源相干干扰诱偏系统如图4－4所示。

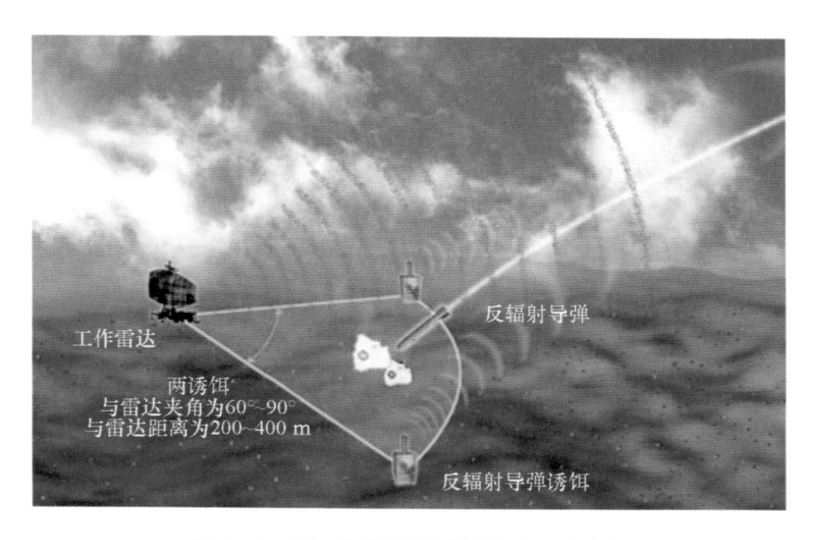

图4－4 两点源相干干扰诱偏系统示意图

采用诱饵引偏系统的优点包括：设备简单，可重复使用，能同时保证诱饵和雷达的安全，可以在雷达工作状态下起到保护作用。但对真假辐射源参数一致性要求比较高，尤其是相干诱偏系统，需要准确控制真假辐射源信号的相位，技术难度较大，如果控制不好其作战效果会显著下降。所以，目前装备的有源诱偏系统基本上都是非相干诱偏系统。

美国“爱国者”导弹的AN/MPQ－52雷达就使用了诱饵发射机。这种发射机（每个阵地3～4部）覆盖扇区120°，脉冲功率为15千瓦，平均功率为450瓦，脉冲重复频率为4.4～5.6千赫兹，天线口径为2.4米。这种雷达诱饵对付反辐射导弹时，既可用于主瓣，也可用于副瓣。每一部假目标发射机只向一定的方位扇区辐射，其他发射机向另外的方位辐射。同时，美军也进行了AN/TPS－59、AN/TPS－75和AN/TPS－32等防空雷达的反辐射导弹诱饵系统试验。

4.5.3 抗反辐射攻击的战术措施

4.5.3.1 控制辐射

间歇发射或闪烁发射，即发射停止时间几倍于工作时间，使反辐射攻击武器难以跟踪。如美国新型的多功能雷达已经包含这种工作模式，用断续发射的方式破坏反辐射攻击武器导引头伺服系统的有效工作。但是，简单断续的工作方式也会使雷达自身的性能下降，要通过其他手段弥补。

天线转向。在无法关闭雷达的情况下，可采用在雷达发射机转换到等效天线之后转向的方法，以缩小雷达搜索扇面，并降低两部雷达在一个扇面同时工作的概率。

应急关机。在发现反辐射攻击武器发射征兆之后，立即关闭雷达发射机。

突然发射方式。一个防空火力群中只指定一部火控雷达开机来截获和跟踪目标，目标航迹参数实时送到火力群的指挥中心。其余各火力单元的火控雷达，接受指挥中心传送来的目标航迹参数。待目标进入本单元火力有效范围时突然开机，并抢在目标做好反辐射攻击武器攻击准备之前，迅速反应，发射火力。这一方式可以应用于警戒导引雷达网，作为抗反辐射攻击战术措施。

用其他辐射代替雷达辐射。在雷达停止发射期间，利用可见光、红外探测仪等来探测和跟踪敌机。国外新一代火控雷达几乎都有可见光或红外线的辅助跟踪系统。

4.5.3.2 机动伪装

在反辐射攻击武器实施攻击前，一般都由电子侦察或光学侦察等手段对目标的位置、技术参数等实施精确侦察，并作为作战指令装订到反辐射攻击武器的导引头之中。如在贝卡谷地之战中，以色列之所以能在1天内全部摧毁叙利亚19个“萨姆-6”导弹阵地，就是因为通过长时间的侦察完全掌握了叙军雷达阵地的部署，而叙军始终未做机动变更。因此，为提高战时生存力，新一代雷达已将机动性能作为重要指标。不仅火控雷达可以在几分钟至十几分钟内架设和拆卸，即便三坐标雷达亦能在1~2小时内架拆和转移，灵活机动。

积极伪装、隐真示假，是提高雷达生存能力的重要方法。在对雷达阵地构筑永固工程伪装的同时，应在雷达阵地周围2~5千米外设置雷达诱饵，并定时开机，而真雷达实施机动侦察。这种方法可有效抗击敌方对预先侦察目标的摧毁。

4.5.3.3 系统对抗措施

以上各项抗反辐射攻击武器攻击措施都是针对反辐射攻击武器制导技术存在的弱点提出来的。实际上，反辐射攻击武器技术正在不断发展，20世纪90年代后，智能化技术、复合制导体制在反辐射导弹上得到广泛应用，反辐射攻击武器已经发展到一个新阶段。目前采用单一的抗反辐射攻击措施已不能十分可靠地保护雷达。为此，应采取系统分析的方法，研究反辐射攻击武器攻击的全过程，针对反辐射攻击武器攻击的不同阶段采用综合措施，用系统对抗的方法对抗反辐射攻击武器。下面以反辐射导弹为例，说明如何综合多种战术措施来提高对反辐射攻击武器的防护能力。

反辐射导弹的攻击过程可以分为以下四个阶段：

- 第一阶段是反辐射导弹发射前侦察、锁定跟踪目标阶段。通常，反辐射导弹载机上装有侦察、告警系统，用于在复杂电磁环境中不间断地侦收所要攻击的雷达信号，将实时收到的信号与数据库存储的威胁信号进行比对、判断，选定要攻击的对象并测定其方位，把反辐射导弹接收系统的跟踪环路锁定在待攻击的雷达参数上。若载机无专用雷达信号侦察设备，则由反辐射导弹接收机自己完成上述工作。

- 第二阶段是反辐射导弹的点火发射阶段，即反辐射导弹对雷达攻击的开始阶段。这个阶段的特点是反辐射导弹与载机分离，加速接近雷达。

- 第三阶段是反辐射导弹中段高速飞行阶段，其特点是反辐射导弹速度很高，而且现代反辐射导弹还具有记忆功能，在雷达关机的条件下进行记忆跟踪。

- 第四阶段是开启引信，对雷达实施最后攻击阶段。

根据反辐射导弹各阶段的特点，分别采取相应的系统对抗措施。如表 4－3 所示。

表 4－3　抗反辐射导弹的系统对抗措施

反辐射导弹攻击阶段	抗反辐射导弹阶段	抗反辐射导弹措施
侦察引导	反侦察	1. 低截获概率技术 2. 应用低频段或毫米波雷达 3. 雷达组网，隐蔽跟踪 4. 双（多）基地雷达体制 5. 结合光电探测与跟踪 6. 提高机动性

续表

反辐射导弹攻击阶段	抗反辐射导弹阶段	抗反辐射导弹措施
点火发射	探测、告警、防御准备	1. 雷达附加告警支路 2. 配置专门抗反辐射导弹的脉冲多普勒雷达 3. 雷达组网后共享反辐射导弹信息或从 C^3I[①] 系统获取反辐射导弹信息
中段飞行	防御、反击	1. 紧急关机 2. 开启有源诱偏系统 3. 雷达组网，同步工作 4. 反导导弹拦截 5. 减少雷达站热辐射和寄生辐射
末端攻击	拦截杀伤	1. 对引信干扰 2. 大功率干扰，反辐射导弹导引系统破坏电子元件 3. 密集炮火拦截 4. 激光或高能束拦截 5. 烟雾、箔条和曳光弹干扰

注：①指挥、控制、通信和情报（command，control，communication and intelligence，C^3I）。

第5章 电子对抗挑战与未来发展

> 故兵无常势，水无常形，能因敌变化而取胜者，谓之神。
>
> ——孙武

5.1 电子对抗面临的挑战

5.1.1 复杂电磁环境

随着战场信息化发展的不断深入，交战双方对电磁空间控制权的争夺日益激烈，双方电子对抗的强度不断增大，战场环境的复杂化及目标电子装备的智能化、网络化等为电子对抗行动带来了严峻考验，具体表现在以下方面：

战场电磁环境高度复杂化。随着雷达、通信、导航、敌我识别、电子干扰等多种电子设备在现代战争中的大规模使用，以及多种先进的低截获技术的广泛应用，电子对抗系统面临着密集、复杂、多变的电磁信号环境。统计显示，空中侦察可能接收到的雷达脉冲密度已超过了100万个/秒。这对当前电子对抗系统的信号提取分析能力、抗干扰能力提出了严峻的挑战。特别是进入临战或冲突时期，各类目标辐射源可能采取变换工作模式、工作参数、加密方式等措施，使和平时期侦察积累的众多目标情报面临无法有效支持准确识别目标辐射源的局面，这对当前电子对抗系统的信号分析与识别、辐射源行为理解与推理等能力提出了严峻的挑战。

目标信号波形与工作模式日益复杂化。目标信号的抗截获与抗干扰性能不断提升，对电子对抗的侦察能力与干扰技术提出了更高的要求。以目前不断普及的有源电扫相控阵（active electronically scanned array，AESA）雷达（典型的有F－22机载雷达AN/APG－77、F－35机载雷达AN/APG－81等）为例。该类型雷达基于超低副瓣阵列天线，结合数字波束形成技术，将发射和接收副瓣电平压制至极低水平；在波形设计上充分利用了宽带跳频和复杂脉内调制等技术，具有工作方式多样、模式灵活、探测的脉冲数少、抗干扰能力强等优势。这些特点导致电子对抗系统对其信号的截获概率低、截获难度大，分析识别更加困难，传统瞄准噪声或阻塞噪声干扰效能大幅降低。

目标电子设备日益智能化。随着人工智能（artificial intelligence，AI）、软件定义无线电（software defined radio，SDR）、认知无线电（cognitive radio，CR）等技术应用的日益深入，包括新型雷达系统、高速跳频通信系统、宽带扩频通信系统、新一代GPS等在内的目标电子信息设备的智能化程度不断提高。目标电子设备的智能化主要体现在装备认知能力的提升，以及对战场环境感知与应变能力的注重，传统电子对抗装备在这一技术优势面前已难以有效应对。人工智能技术在电子对抗领域的应用，将是应对目标电子设备智能化的关键一步，使电子对抗系统能够在任务期间完成适应与学习，应对新的未知的威胁。

传统电子对抗作战模式已很难适应现代战场要求。传统的电子对抗系统通常只能应对已知的固定频率、固定工作模式的电磁威胁，使用预先编程的方式进行对抗干扰。但在战场电磁环境高度复杂化、电子设备日益智能化的背景下，新的目标、工作模式、电磁波形层出不穷，传统电子对抗作战模式已经难以适应。电子对抗作战必须从固定模式向自适应模式转变，向认知电子战发展。首先，必须实现从目标辐射源识别到精确态势感知转变；然后，要具有对时敏目标、未知威胁目标的精确、实时侦察与干扰能力；最后，要能进行实时干扰效果评估，以及时调整干扰策略与方式。也就是说，要积极推动电子对抗作战模式朝着“电磁态势精确感知——威胁目标智能识别——对抗措施自主决策——干扰效果实时评估”的智能、动态的新形态转变。

5.1.2 新领域博弈对抗

现代战争的作战模式和作战装备继续向着高度信息化的方向发展。装备发展突出的特点集中在以下几个方面，都对电子对抗提出了更高的要求。

远程精确打击成为主要的火力打击手段。2000 年以来，精确制导武器在西南亚的应用越来越多，从舰船、飞机和无人机发射的导弹到“智能”火炮。它极大减少了需要用来打击特定目标的武器数量和强度，并降低了可能造成的附带损害程度。可以预期，围绕精确制导武器的对抗与反对抗研发将快速展开、发展。精确制导武器依赖 GPS 进行精确定位、导航，因此对抗精确制导武器最重要的方式就是对 GPS 进行干扰。而反对抗措施则包括提高定位准确性和增强抗干扰能力。2013 年以来，美国海军在帕特森河海军航空站的天线和雷达截面积测量场进行了一系列新型 GPS 干扰和抗干扰的测试，使用小型 GPS 防护装置，以确保无人机在敌方电子对抗环境下正常飞行。可以预见在未来战场上，针对精确制导武器展开的电子干扰与抗干扰，将对战场局势、战争胜负产生不可忽略的影响。

无人机作战运用成为现代战争的“撒手锏”。近几场局部战争表明，无人机以其特有的智能化优势以及全方位全天候作战能力、快速捕捉战机、高效费比等优势，已经成为基于信息系统体系作战的重要组成部分，在世界各主要军事强国常规、非常规战争中发挥重要作用。在 2020 年纳卡冲突中，阿塞拜疆拥有无人机装备的绝对优势，成功摧毁了亚美尼亚包括防空系统、战车、榴弹炮阵地等大量攻击力量，为取得战争胜利奠定了基础。预计到 2040 年，美军的无人机数量将增加3倍，90%的战机将是无人机。因此，无人机对抗是未来战争中夺取制空权的重要方式。这些新的威胁已对在役和在研的绝大多数传统型防空导弹、高炮、战机等防空系统造成重大影响，甚至可以使这些系统的防空反导作战性能“基本归零”。如若过度依靠传统的防空武器，国家安全体系在对手以无人机为代表的新的袭击下必将陷入被敌方突袭而自身难保的尴尬境地，而研发新型防空导弹、战斗机等武器系统，在经费投入、技术难度等方面又是一项周期漫长的大工程。发展建设国家空天安全防御力量，应高度重视新型电子对抗系统的研发。而电子对抗以其特有的作战方式和作战效能，在未来抗击无人机的战场上将大显身手。

争夺制天权成为新的斗争焦点。获得制天权对于一个国家的经济、政治、军事等关键领域都具有极其重要的战略意义，是未来军事斗争夺取的“制高点”。而空间电子对抗以电子对抗技术和空间技术相结合，是遏制强敌空间信息作战能力，争夺制天权最为经济、效能比最高的方法，受到了世界各军事强国的广泛关注。目前，美国在空间军事领域拥有绝对的优势，俄罗斯、其他欧洲国家、日本、印度等国也积极发展实用的空间信息支援能力，一些中小国家通过商业合作也能够具备一定的空间信息支援能力。美军十分重视太空战武器的发展，开展了大量的相关研究和实验（例如：研制全球快速打击的空天飞行器，反卫的天基激光武器、天基动能武器等），并期望由空间飞行器和定向能等装备组成全球区域打击系统，进一步提升远程、精确、小规模高质量打击的能力。

5.1.3 装备建设方式

根据美国众议院116－120号报告及《2020财年国防授权法案》的要求，美国审计总署对国防部《电磁频谱优势战略》的实施情况进行了审查，并于2020年12月向美国众议院武装部队委员会提交了编号为GAO－21－64的审计报告。审计报告明确指出：当前美军在电子对抗装备建设发展领域仍然存在电磁频谱分散管理、电磁频谱管理能力过时、装备采办过程漫长、缺乏电磁频谱作战整体概念、频谱拥挤和竞争加剧、电磁战斗管理不到位等问题。

顶层体系设计滞后于装备发展。目前，电子对抗系统与装备建设多是由工业界主导，市场化运营特色明显，更多走的是技术发展驱动装备建设的路子。研发经费大量向大系统、新装备上集中，与电子对抗作战能力建设并未完全结合。根本原因在于缺乏顶层设计规划和先进作战理论支撑，从而导致装备体系性差、型号繁杂。主要表现在以下几个方面：

● 布局不完善，对抗领域存在盲区，装备建设的继承性、延续性方面考虑不足。

● 电子对抗支持体系建设滞后。电子对抗系统的建设、试验、发展、改进严重依赖电磁空间基础设施建设。特别是高精度的电子对抗测试系统的发展。不同平台的电子对抗支持与测试系统的发展相对电子对抗系统而言，存在明显滞后，严重制约了电子对抗装备的实战化能力的提升。

● 多手段综合能力建设滞后。电子对抗体系内侦察攻击一体化、雷达通信敌我识别导航对抗一体化已是明确发展思路，电子对抗体系与雷达、通信、敌我识别一体化也是现代作战平台发展的必然要求。

规范标准滞后于装备发展。长期以来，电子对抗装备的无序扩张式发展导致了不同型谱的电子对抗装备接口不通、规划不同，从而导致互连接互操作水平低，严重制约了不同装备的数据利用效率。具体表现在：

● 缺乏统一体系的数据标准。不同型谱的电子对抗装备急需统一的电子对抗数据录入、交换传输、存储运用和仿真验证等格式标准，以及软硬件结构、仿真模型和加卸载接口等标准规范。

● 缺乏标准的工作流程。不同军种电子对抗数据报送、电子目标整编应用、电子作战支持流程急需规范，以确保电子对抗与作战支持的有序开展。

● 缺乏体系保障机制。应分级分类建立与其他作战手段的需求对接、数据共享、协同印证等制度机制，确保其他手段能为电子对抗作战提供有效引导。

装备建设采购落后于技术升级迭代速度。电子信息技术高速发展要求电子对抗系统具有快速升级迭代的能力。但是，传统的装备建设和采购方式难以满足以上要求。以美军第四代 F－35 战斗机为例，从研发到全面列装历时 20 余年，总耗费已超过千亿美元。与此同时，这类核心武器装备系统继承性强、结构设计过于精密，如果要对装备进行升级改造，还将面临集成装备的系统性重构，需要耗费很长的时间和巨大的成本，面临极大的风险挑战，且难以及时融入最新技术发展成果。而日新月异的科技发展，不断催生出拥有前沿科技成果的新式装备，耗费巨大资源打造的核心武器系统可能在交付之日就已过时，由此迫使美军改变研发武器装备和兵力设计模式。在装备发展和建设方面，从强调"大而全"的高性能平台到强调"小而散"的先进科技支撑下的低成本平台的转变已经成为必由之路。在装备采购方面，如何有效降低采购费用、缩减采购和部署时间，形成快速研发采办、快速部署迭代的装备设计和采购一体化新模式是重中之重。

5.2 电子对抗战略与理念新发展

美俄两大强国均明确将电磁空间视作一个独立的作战域，不断提升电子对抗在作战力量组成和运用中的重要地位，持续进行大规模投入，不断调整组织结构，全面推动电子对抗战略、技术、编成和装备的发展。

5.2.1 美军方面

美军对电子对抗的战略定位不断提升，早就将电子对抗与火力战置于同等地位。为此，美军电子对抗组织机构不断变换，不断强化职能和管辖范围。

特别是自美国确立重返亚太战略以来，始终将中俄作为潜在战争对手。2019 年 11 月，美国战略与预算评估中心在报告《赢得隐形战争：让美国在电磁频谱领域获得持久优势》中全面评估了美中俄的电磁频谱控制能力，并指出，美军在电子对抗领域的预算明显落后于中俄，特别是开发新的电子对抗能力的资金不断减少，过去十年在很大程度上废除了其电子对抗作战单位与能力。该报告认为，俄罗斯在过去十年中已完成80% ~90%的电子对抗装置现代化，2009年以前的电子对抗系统将有70%在2020年之前被替换。中俄均能够在其势力范围内部署更接近本土的军事系统，因此相较更具远征性的美军占得先机。为了扭转在电子对抗领域的颓势，支撑其区域反拒止战略，美军在电子对抗发展战略、组织管理等方面开展了大刀阔斧的改革。为进一步加强美军电磁频谱作战能力的顶层规划，2020年，美国国防部颁布了《电磁频谱优势战略》，其中第一个战略目标就是开发卓越的电磁频谱作战能力，指明了美军电子对抗装备技术发展的方向。具体包括：一是改进技术，提升系统在复杂电磁作战环境中的感知、评估、共享、机动和生存能力；二是运用综合集成、开放架构、快速灵活的方法获取电磁频谱作战能力；三是利用商用技术，保持与最新技术的同步；四是建立强大的电磁战斗管理能力，加强电磁频谱作战的组织管理；五是部署具有破坏性的电磁频谱作战能力，给对手造成难以挽回的实质性打击。同年，美军又提出“全域战”概念，突出了将电磁频谱作为陆海空天网外的独立作战域，同时强调了电磁频谱对美军各军种在联合层面的全域指挥与控制的重要性。2020年5月，美军通过《联合电磁频谱作战》条令，提出了“电磁频谱作战”概念，指出“电磁频谱作战是为利用、攻击、防护和管理电磁环境而实施的协调性军事行动”。将传统电子对抗内涵由“侦、攻、防”向“用、攻、防、管”四位一体转变，甚至涵盖了整个电磁频谱领域行动。

而在电子对抗的采购方面，2018年美国的《国防战略》中明确表示需要在电子对抗领域增加新投资，并开发新的概念，以重新获得美军在反拒止作战中的军事优势。美国国防部对电子对抗领导机构进行了整合，在《2019财年国防授权法案》中要求建立电子对抗跨职能小组，以制订电子对抗战略，包括评估漏洞和能力差距，从而制订采购计划。该法案将矛头直指美军电子对抗的缺陷，试图重建电子对抗事业，并确保美国电子对抗系统优于中国和俄罗斯等。为保持优势，美军确认了绝对技术优势是确保电子对抗优势地位的基础。一方面，通过不断加大对新技术的投入，发展先进的电子对抗手段，提升应对中俄发展的针对性、灵活性和时效性。另一方面，美国对先进电子对抗技术以及其配套技术进行垄断，为对手在相关领域的进步设置障碍，以确保其领先地位。

此外，美军各军种都将电子对抗视为军种的核心作战力量，全方位将电子对抗纳入各自的作战平台和系统，结合各军种新的作战概念，形成各具特色的电子对抗的发展重心和采购计划。

美国陆军将发展新的电子对抗技术和相关项目作为陆军重要的现代化项目，其采用的是“融入式”建设模式，分别依托战区情报旅、远征军事情报旅以及合成旅军事情报连建设电子对抗力量。其计划在机载和陆基电子对抗项目上进行投资，旨在使陆军相较对手更具竞争力。投资包括成立一个致力于电子对抗任务的新机构、采购长航时无人驾驶机载电子对抗系统和新型多功能信号情报及电子干扰系统等，并在作战单元级别开展电子对抗训练。

美国海军新作战概念包括海军综合火力控制防空，旨在帮助舰载飞行联队在被拒止或降级的环境中更好地对抗敌人。因此，美国海军在水面舰队电子对抗能力上投入了更多资金，如“长航时先进舷外电子对抗平台”，目标是开发一种一次性飞行载机及其兼容的对抗措施载荷。同时装备有下一代干扰机的 EA－18G 被海军确立为海上电子对抗的核心组成，将持续获得大规模投入，并且正在积极研发的下一代干扰机也将首先装备在 EA－18G 上以维持其海上电磁空间争夺权。

美国海军陆战队强调，海上远征行动需要“灵巧式”电子对抗能力。海军陆战队将继续维护并加快其无线电营（负责特征情报和电子对抗的部队）以及其他航空项目（包括 F－35B“闪电Ⅱ”飞机）的现代化进程。海军陆战队最新概念中的另一项举措是“特征管理”，其目的是限制发射量，使敌方无法获得有关美国作战地点的更准确信息。

美国空军部长和参谋长都强调需要保持电子对抗能力以支持空军未来的发展，特别强调主战飞机的电子攻防能力。因此，一方面，美国空军持续升级 EC－130H 电子干扰机的电子对抗有效载荷，同时采购新型 EC－37 电子对抗飞机全面替换 EC－130H。另一方面，采取加挂干扰型或欺骗型小型空射诱饵、开发机载多功能射频系统干扰能力等方式，为主战飞机量身打造自主电子攻防能力。

此外，美军在电子对抗能力建设过程中强调“研用结合”与“战后总结”，重大军事行动与电子对抗装备研制紧密配合。美军在各个局部战场上试验电子对抗新武器，检验武器性能，相关的科研人员同步开展工作并进行技术保障。战后，不停采集数据改进算法和工作模式，反复进行试验并再投入战场，实现“试验—改进—再试验”的循环过程。

5.2.2 俄军方面

近年来，俄军在军事冲突中的表现主要依靠其电子对抗力量的巨大进步。这充分表明俄罗斯的国防工业优先任务就是发展电子对抗能力。

俄军对电子对抗的定义是“以无线电的方式打击敌人的无线电和信息通信技术设施，并保护自己的无线电和信息通信技术设施，制订对策反对敌人的监视措施，并为自己的部队提供无线电和信息通信技术支持的一系列协调行动”。俄罗斯总统普京于 2006 年发布命令，将每年的 4 月 15 日定为“电子对抗专家日”，纪念 1904 年 4 月 15 日，俄军在世界上首次将电子对抗运用于战争中。

俄军的前身苏联武装力量非常重视电子对抗问题。1954 年开始就为三军所有力量建立无线电通信、定位和导航营；1968 年至 1973 年提出“未来战争中，电子对抗领域将是决定胜负的关键点”这个理念，并对电子对抗设备进行统一的计划和管理。20 世纪 70 年代，苏军总参谋部就进行了多次电子对抗演习来对不同的电子对抗方法进行试验，寻找并测试各种提高电子对抗管理效率的方法、最合理的武力使用和电子对抗融合方法，并且得出结论：将电子对抗力量部署到战术梯队、诸兵种战斗中，将会直接取得战争的胜利。可见，当时，电子对抗在苏联武装力量中的战略布局已经处于核心地位。为此，苏军建立了多个专业电子对抗部队，以及第21科学研究所、沃罗涅日无线电电子军事学院等单位培养专门的电子对抗人才。

苏联解体后，经济崩溃导致俄罗斯电子对抗力量受到了大幅削弱，许多电子对抗部队被解散，大量电子对抗装备也划归邻国。2008年，俄罗斯－格鲁吉亚冲突给俄罗斯敲响了警钟。俄军电子对抗作战力量和其他部队配合失误，没有对格鲁吉亚军队电子目标实施有效干扰，加之俄军轻敌，导致数架苏－25歼轰机和图－22M远程轰炸机被格鲁吉亚军击落。同时，俄军在目标识别、情报侦察和空地支援方面也存在诸多问题。俄格战争的惨胜让俄军意识到，他们必须重建苏联时期高度发达的电子对抗力量。

2008年下半年，俄军开始了军队改革，该过程中将分离的电子对抗单位在作战和战略层面进行了重组，成立了旅级单位。俄军的电子对抗力量涵盖战略、战役、战术级所有作战部队。2009年开始，俄军各战区相继成立了以电子对抗旅和电子对抗中心为代表的独立电子对抗部队，并成立了直接隶属于俄武装力量最高统帅部的第15独立电子对抗旅。俄罗斯地面部队、空降部队、太空部队、海军以及战略火箭军中都设有电子对抗部队。陆军电子对抗力量最为强大，重组后的坦克旅和机械化步兵旅都包含电子对抗作战单元。此外，2010年，俄罗斯国防工业界在沃罗涅日成立了电子对抗科学技术中心，负责未来电子对抗系统的研发工作。2012年，时任俄罗斯总统的梅德韦杰夫签署了《2020年及以后俄罗斯联邦电子对抗系统发展的基本政策》，对俄罗斯电子对抗装备发展起到了重要指导作用。该政策着重从以下五个方向发展：一是加强全国电子对抗装备研发生产的宏观管理；二是将电子对抗与对国家安全具有重要意义的其他领域整合（发展战略性电子对抗装备）；三是利用研发成果采购新一代电子对抗系统；四是进一步发展电子对抗教育科研体系；五是扩大军事技术合作，加强电子对抗装备出口。2015年10月，俄罗斯国防部成立了电子对抗部队军事科学委员会。

在武器装备层面，电子对抗装备大量列装，包括地面部队列装的“摩尔曼斯克－BN”“里尔－3”“莫斯科”“海底动物”“居民”“克拉苏哈－4”

等。其中，“摩尔曼斯克－BN”据报道可压制5 000千米内的短波通信和控制信道，能切断潜在对手舰机、无人机和部队指挥所需的通信。“居民”“克拉苏哈－4”是实施导航战对抗GPS的主战装备。海军列装的TK－25为俄军舰船提供了模拟干扰和数字储频干扰，可以同时对抗多达256个目标。空军列装有在黑海对峙中大放异彩的“希比内”系统等。2016年以后，俄军又列装了“伐木人”电子对抗飞机和信号情报平台。

在电子对抗能力建设方面，俄军强调，只有通过积极开展电子对抗实践才能不断锤炼电子对抗运用水平。俄军在本土和叙利亚等区域部署了大量新型电子对抗系统，促使俄罗斯在乌克兰东部、克里米亚半岛的连续冲突中，取得战术、战役、战略的优势。据报道，亲俄武装人员能够干扰并窃听乌克兰所有通信，包括移动电话、军用通信装备、无人机控制装备和其他远程装备。2018年，“季拉达－2”地面电子对抗系统在乌克兰东部开展测试，用于干扰经常在该区域活动的美制RQ－4B“全球鹰”无人机的控制信号和视频画面。

经过与乌克兰、叙利亚军事冲突上的检验，俄军重塑电子对抗力量的意义得到证明。俄军统帅部认为，“电子对抗能力是一种高效且经济、在信息领域获得优势的方式”。俄军正在此指导思想下研制、改进和部署新的电子对抗装备，进一步调整其组织机构和兵力结构，以达到电子对抗力量运用自如的战略目标。

5.3 电子对抗技术新发展

为了实施机动性和复杂性的新作战概念，实现电子对抗和电磁频谱作战的充分利用，美俄等均大力推动以人工智能为代表的新兴技术和电子对抗技术的全面结合。

5.3.1 认知电子对抗技术

美军于2010年首次提出认知电子对抗的概念，并对其内涵进行了解释：对环境具有良好的感知与应变能力，能通过交互式的学习不断自适应地调整自身状态；自主地进行对目标信号的特征分析及针对性对抗措施的选择，使之能对不同调制样式、不同编码样式、不同频段的目标信号均实现高效对抗。

认知电子对抗解决了传统电子对抗只“测”不“策”、效能不闭环的问题：传统电子对抗中的决策是通过“人在回路”的方式完成的，应变能力差；而认知电子对抗中的决策是由系统自身通过学习实时完成的，能够测参数、认环境、知结果、策资源，即通过对对抗目标的参数测量和电磁态势信息的提取与感知，对对抗效能进行实时评估，进而指导后续干扰资源的调度使用，使得干扰更具有主动性和针对性，应变能力与电子对抗效能大幅提升。因此，认知电子对抗更能适应瞬息万变的电磁环境。表5－1概括了认知电子对抗相对于传统电子对抗的突出优势。

表5－1　认知电子对抗相对于传统电子对抗的优势

系统指标	传统电子对抗	认知电子对抗
对环境的适应能力	较弱	强
智能化程度	较低	高
对抗的针对性	较弱	强
抗截获、抗干扰能力	较弱	强
电子进攻的实时性	较弱	很强
人机关系	人对机器的驾驭关系	初、高级智能实体的协作
频谱分配策略	静态频谱分配策略	动态频谱分配策略
频谱利用率	较低	高

认知电子对抗的核心特征是智能和自适应。所谓智能，指的是通过智能赋能，动态适应战场电磁环境威胁变化，敏锐发现、精确识别和精准干扰电

磁威胁目标，大幅提升电子对抗系统的作战能力。所谓自适应，指的是具备“感知—识别—决策—行动”的执行闭环，自适应地实现资源的动态调度，并能通过学习不断优化策略。其核心是将机器学习算法应用于电子对抗系统的运行全过程，包括频谱知识、频谱学习、频谱推理、频谱攻击等，基于历史积累的侦察与对抗数据进行学习训练，通过学习得到的模型来表征动态变化的频谱知识，感知和学习目标的射频特征和行为，从而支撑对未知辐射源目标的干扰策略生成与在线优化，并且随着学习过程的持续保证电子对抗系统在最佳状态工作，从而快速应对环境和目标的变化。

5.3.2 典型认知电子对抗项目

以美国为代表的军事强国，已在发展认知电子对抗技术与装备方面进行了大量积极的探索。美国国防高级研究计划局（defense advanced research projects agency，DARPA）局长在国会听证会上说，“我们正在开展认知电子对抗项目，利用人工智能来实时了解敌方雷达正在做什么，随后实时地生成一个新的干扰策略。整个感知、学习和自适应过程都是连续进行的。应对新的雷达威胁的时间由过去几个月、一年，缩短至几分钟、几秒钟。”美军典型的认知电子对抗项目包括行为学习型自适应电子对抗（behavioral learning for adaptive electronic warfare，BLADE）项目和自适应雷达对抗（adaptive radar counter，ARC）项目。

2010 年 7 月发布的 BLADE 项目主要瞄准通信对抗问题，首次将机器学习理论应用到通信对抗领域。其旨在开发一种新的机器学习算法和技术，快速探测新的无线通信威胁并确定其特征，动态融合多种对抗措施并进行精确的通信干扰效果评估。在此，“无线通信威胁”包括了敌方用以实现指挥控制与通信的无线电台和网络，以及无线电遥控的简易爆炸装置。具体来说，该项目要求具备检测与拒止战场上新型通信威胁、实时提供有关干扰效能的反馈、对多个新出现的威胁同时进行“外科手术式”精确攻击等能力。该项目将通过三个阶段来开发，开发出的系统将用于地面车辆和无人机平台。BLADE 系统结构遵循图5-1的设计思路。

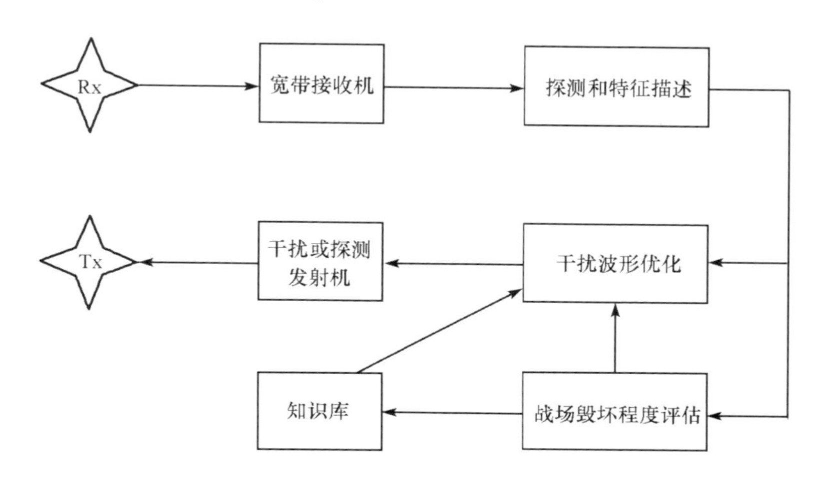

图5-1 BLADE **系统结构**

2012年7月，DARPA启动了为期5年的ARC项目，寻求研发对抗敌方自适应雷达系统的机载电子对抗能力。2013年以来已有多家单位参与了该项目的研发，包括Helios遥感系统公司、密歇根技术研究所、BAE系统公司、STR公司、SAIC公司等。ARC项目重点关注的是能执行多项任务的地空、空地相控阵雷达系统，这些雷达系统通常具有灵活的光束指向、编码、波形和脉冲重复间隔。其主要目标包括：①在密集的电磁环境中分离出捷变的未知雷达威胁；②实时快速对新型雷达威胁实施对抗；③提供实时对抗效果反馈；④同时对付多个目标；⑤既支持单平台工作也支持分布式多平台工作；⑥支持自主工作以及人在回路工作；⑦采用基于标准化、模块化、开放式和可扩展的软件架构；⑧提供存储和下载在任务中学习的新知识和对抗措施的功能，用于任务后续分析。2014年，ARC研究项目中有多个部分进入测试阶段。美国佐治亚技术研究所正在承担的自适应雷达对抗技术项目取得重要进展。该项目基于机器学习算法和先进硬件系统的认知电子对抗方法能产生自适应威胁响应，提供更高水平的电子进攻能力。在实施雷达对抗过程中，ARC系统会从众多方案中选取最佳干扰方案，并随着对抗的实施，系统会评估其采用干扰方式的有效性，并能及时调整干扰措施。此外，BAE系统公司研发的新技术能够快速探测获取以前未知的雷达威胁的特征参数，并合成电子干扰措施，然后在一定的时间内评估出对抗效能。新系统采用开放式系统架构，能够在敌对、友好和中立信号中分离出未知的雷达信号，并及时采取相应措施。

2012 年 11 月，美国海军研究办公室发布了认知电子对抗计划，目标同样是将自适应与机器学习算法应用于电子对抗系统，包括频谱知识、频谱学习、频谱推理、频谱攻击等，采用新的模型和方法来表示实时动态的频谱知识，感知和学习射频特性和行为，形成电子攻击策略。

经过持续的发展，美军的认知电子对抗已经从技术研究向装备部署运用方向发展，同时向小型化智能系统方向发展。例如，美国 Exelis 公司宣布成功开发出可安装于无人机的“破坏者 SRx”新型电子对抗系统。该系统采用认知电子对抗技术且基于软件无线电理论和开放式系统体系结构，能够更好地检测和干扰新出现的灵活射频威胁。美国陆军采购的“默鸦”电子对抗吊舱系统，被美国陆军视为重建其电子对抗部队的旗舰系统。美国陆军设想将其挂载在 MQ－1C“灰鹰”察打一体无人机（“捕食者”的升级版）上投入战斗。据报道，“默鸦”网络或电子对抗吊舱的“数字大脑”还使用机器学习算法来分析它在飞行中检测到的敌人信号并计算有效的对抗措施，从而不必返回基地将新数据下载给信号分析员。

· 前沿阵地

美国空军研究实验室于 2022 年启动的“怪兽”项目是美军认知电子对抗领域的最新项目，该项目研制周期为 5 年，预计投入高达 1.5 亿美元。该项目主要包括以下方向的研究：认知电子对抗数据、软件定义无线电、多频谱威胁对抗、RAPTURE 实验室、电子攻击演示、实时算法开发、先进威胁对抗、数据重编程的射频电子对抗演示样机等。其目标是充分利用分布式感知、机器学习和人工智能技术，并与先进战斗管理系统概念联动，以实现联合全域指挥控制，最终实现联合火力和电子对抗协同与融合。

德国亨索尔特公司于2019年4月宣布，已成功研制出一种基于人工智能的模块化机载电子战斗系统。该系统是亨索尔特公司Kalaetron电子对抗系列中的最新产品，被称为“Kalaetron攻击”，用于在不同距离拒止敌方的火控雷达，保证作战飞机的行动自由。它使用了数字化硬件和人工智能算法以探测基于雷达的威胁并采用针对性的对抗措施。全数字设计能让“Kalaetron攻击”系统在一个很宽的频率范围内对防空系统进行探测和识别。人工智能技术能从收到的脉冲序列中识别出新的威胁模式，这对于应对宽频段而且频率捷变的新型防空雷达系统尤其重要。

俄军也将配备人工智能技术作为电子对抗装备和技术发展的重要方向。俄军电子对抗部队负责人指出，“电子对抗做出合理决策需要大量不同、不一致和不完整的信息，这些正是人工智能会产生作用的地方。”2020年4月，俄国防部已批准“贝利娜”电子对抗系统计划，该系统的最大特点是采用人工智能技术，自主分析战场环境，检测识别目标。俄军计划于2025年前用该系统装备所有电子对抗部队。

5.4 电子对抗应用领域新发展

5.4.1 强化空间电子对抗能力

空间作为国家安全和现代战争的战略制高点，已经成为美俄等竞相投入的新领域。美俄等军事强国拥有的大量空间信息系统，已经成为国家和国防信息基础设施的重要组成部分。在民用领域能够为国民经济提供如遥感、气象等多方位服务，在军事领域更是指挥控制的神经中枢、远程精确打击的效能倍增器、战场态势感知的最主要手段、战场综合保障的重要支柱。总之，空间信息系统能为一体化信息作战的战略、战役和战术等提供全天候、全天时、全方位和无缝隙的信息支持和保障。

美军高度重视空间信息系统建设与发展。美国空军航天司令部在《2020构想》中明确提出了发展空间信息优势，实现空间控制和全球交战、全面力量集成的作战概念。迄今为止，美军已经构建了功能完善的空间信息系统，包括宽带、窄带、受保护三类军事卫星通信系统，高低轨道组合的天基红外导弹防御系统、通信情报与电子情报综合一体化的信号侦察卫星系统、高覆盖率与实时性兼备的跟踪与数据中继卫星系统等，已经能够直接用于支持作战准备、战场侦察监视、作战指挥控制、作战实施、作战保障等战争全方位全过程。由于卫星的轨道相对固定，其易受攻击性非常明显。少数卫星的损坏，就可以使大片信息链中断。因此，对卫星进行“软、硬杀伤”的技术是使敌方信息网络瘫痪的有效途径，空间电子对抗是赢得信息化战争胜利的重要保障。

通过空间电子对抗手段，干扰或者破坏侦察卫星，有可能会大幅降低对手态势感知能力。这会增大军事行动的突然性，而且无法预测敌方的实力和能力，致使作战计划无效且没有针对性，目标标定失准，战斗损伤评估不正确。通过空间电子对抗手段，干扰或者破坏卫星通信系统，特别是军事卫星通信系统，将会严重扰乱作战部队各个级别的指挥控制。通过空间电子对抗手段，干扰或者破坏气象卫星系统和地球观测系统，特别是光学和雷达成像卫星系统，将极大增加对手实施有效作战行动的难度。通过空间电子对抗手段，干扰或者破坏卫星导航系统，将会使部队的调动更加困难，使飞机和舰船的导航失去依靠，还会使许多精确制导武器系统失效。通过空间电子对抗手段，干扰或者破坏导弹预警卫星系统，将会削弱敌方导弹告警与防御能力，也可能提高己方导弹攻击的命中概率及威慑作用。空间电子对抗能力的高低，在很大程度上已经成为决定一个国家信息战能力高低的重要标志。在未来的信息战中，没有空间电子对抗战场上的胜利，就没有制电磁权，更不会有制信息权，进而会丧失战争的主动权。

2019 年 8 月，美国宣布成立太空司令部。同年 12 月，时任美国总统特朗普签署的《2020 财年国防授权法案》正式认定太空为“作战领域”，并同意组建太空军，成为美国第六大军种。美军不断依托其先进的航天技术，在太空发展空间电子对抗力量。目前在轨工作的主要是高轨道的“入侵者”“大酒瓶”电子侦察卫星、大椭圆轨道的“喇叭”“徘徊者”电子侦察卫星以及专门用于水面舰艇监视和潜艇发现的天基广域监视系统。上述系统共同构成了美军全方位、大纵深、多层次的空间电子侦察系统，具备全天候、全天时的空间侦察监视能力和实时快速的响应能力。为进一步强化太空争夺能力，美军不断加大反卫星系统（counter satellite system，CSS）和反监视侦察系统（counter surveillance and reconnaisance system，CSRS）的采购和部署，正在发展的地面卫星干扰系统就有数十种。同时，美军非常重视其卫星的电子防御，在主要卫星上加装了攻击告警设备。

俄罗斯已经在其重要地区和战略方向列装新型电子对抗系统，这些系统成为俄国空天防御系统的重要装备以及防空反导系统的重要防护装备。例如 2019 年 5 月，俄国防部宣布北方舰队完成电子对抗中心部署，建立了覆盖北极地区的电子对抗系统“克拉苏哈”。俄军不但能够对敌方的反导预警卫星、预警机、雷达和指控系统以及各类敌机、机载精确弹药等的通信进行压制干扰，还能保护其防空反导系统的安全。

5.4.2 应对无人机威胁的电子对抗运用

微小型无人机蜂群、临近空间无人机等新型空天威胁已对在役和在研的绝大多数传统型防空导弹、高炮、战机等防空系统造成重大影响，甚至可以使这些系统的防空反导作战性能“基本归零”。如若过度依靠传统的防空武器，国家安全体系在对手无人机群袭击下必将陷入自身难保的尴尬境地。

5.4.2.1 电子对抗反无人机概念

传统的防空武器在发现和攻击无人机方面都面临难题。

在发现方面，与携带相同有效载荷的有人作战飞机相比，无人机的体积可缩小 40% 以上，飞机的最大飞行速度可以达到高超音速，最大飞行高度可以达到25～38千米，这些特点都极大增加了地面对空监视雷达发现无人机的难度。美军的无人机分为大、中、小三类。其中，小型无人机的质量大都在100千克以下。即使是中型无人机和大型无人机的质量和大小也比有人作战飞机下降了不少。因此，无人机本身就具有较小的RCS。以“捕食者”为例，其全长8.13米，主翼展14.85米，大小仅相当于F－16战斗机的一半，其有效RCS约为1米^2。而“海王星”无人机一般装在一个183×76×51厘米^{3}的容器中，容器本身是一个无人机的压缩空气弹射发射器。“海王星”的RCS大大降低，而且飞行高度低，对于传统的防空雷达而言，几乎难以探测。此外，为了应对日益增强的地面防空系统，许多先进的隐身技术被应用到无人机的研制中，实现雷达隐身、红外隐身、声隐身和可见光隐身，主要包括：

● 采用复合材料、雷达吸波材料和低噪声发动机。如：“蒂尔Ⅱ”无人机除了主梁，几乎全部采用了石墨合成材料，并且对发动机出气口和卫星通信天线作了特殊设计。飞行高度在300米以上时，人耳听不见；在900米高度以上时，肉眼看不见。实现了声和光隐身。

● 采用限制红外光反射技术，在机身表面涂上能够吸收红外光的特制油漆并在发动机燃料中注入防红外辐射的化学制剂，实现红外隐身。

● 采用具有变色性的充电表面涂层。从地面向上看，无人机具有与天空一样的颜色；从空中往下看，无人机呈现与大地一样的颜色。从而实现可见光隐身。

● 在外形设计方面，多采用机翼、机身、尾翼和短舱连接处光滑的过渡，或机翼和机身高度融合的构型，减小机身表面缝隙，减少雷达反射面，同时通过加装雷达告警、干扰和欺骗设备等手段综合实现雷达隐身。

在攻击方面，现有的防空系统对无人机预警探测较为困难，使得无人机能够更加容易接近敌方防空体系实施侦察或者突然打击。这就导致现役防空系统对无人机的攻击难度非常大，主要表现在如下方面：

● 防空系统可拦截的时间短。由于发现跟踪的距离近，近程防空武器的射程又有限，随着无人机速度的加快，近程防空武器对无人机可射击的时间越来越短、次数越来越少。

● 即使敌方防空系统发射了导弹或高炮开火，无人机也能够迅速做出急剧猛烈的规避机动动作以甩掉敌方导弹或躲开高炮炮弹。无人机由于不受飞行员的生理限制，其过载仅受结构强度和发动机提供的能量的限制，只要这两个条件允许，无人机过载完全可以达到与导弹的过载相同，极大提高了其机动性和生存性，使其可以较容易摆脱敌方防空导弹的追踪。无人机较小的着弹面积使得无人机被防空武器击中的概率相比有人作战飞机大幅降低。

● 由于远程、精确打击无人机的使用，战役和战略地域差别将缩小，加上无人机可快速从多方向高、中、低空同时突防，以前防空作战中的主要方向和次要方向概念将相互转化，防空武器系统面临的作战环境和技术难度将成倍增加。

目前，美军正在大力发展既能航空又能航天的无人空天飞机，并于2010年4月，试飞了人类首架空天飞机X-37B，其可以进入大气层飞行，飞行高度达到了30~100千米，已经超出了目前所有地空导弹的攻击范围，飞行速度也已经达到了12~25倍音速，可以在2小时内到达地球上任何地方。空天飞机的突防能力极强，可以轻易突破现有的防空网络和系统。

无人机并不是真能自动驾驶和战斗，而是“平台无人、系统有人”。主要表现在以下三个方面：

● 所有现役的无人机，都需要有人员在后方的操控台上进行遥控操纵和指挥。一些小型的无人机，可以通过单兵信息系统来进行操纵。而一些大中型的复杂任务无人机，例如美军的“全球鹰”，就需要专门的操控台来操纵。而所有控制都依赖于数据链或者通信系统才能完成。目前美军无人机的空袭模式，主要是无人机在目标活动地域中高空盘旋活动，通过卫星、无人机以及其他情报收集途径获得目标位置信息后，由后方操纵人员确认并下达攻击指令，无人机发射激光制导或者GPS制导弹药，对目标进行快速攻击。没有一个可靠的战场无线信息化网络，使用大型无人机或者利用无人机实行空袭等复杂任务是不可能的。

● 无人机在作战应用中要依靠机载电子系统进行情报侦察，其获取的战场态势信息及自身状态信息也必须通过数据链传输到指挥控制中心进行分析处理。可见，数据链或者通信系统是控制和使用无人机的生命线。

● 现代军用飞机都依赖 GPS 提供的位置、导航、时间（position navigation time，PNT）信息完成导航、精确制导、通信和探测同步等一系列任务。如果没有 GPS 位置信息，无人机将无法起飞和正常飞行。

可见，无人机要有效发挥效能的核心是其装备的通信、导航、雷达等系统发挥效用，而这些系统正是电子对抗的目标。上述系统的使用必然导致无人机的隐身性能下降，更容易被电子对抗侦察系统探测。同时，上述系统更容易受到电子干扰的影响而失效或失灵，从而导致无人机无法完成作战任务。因此，电子对抗是实现无人机对抗的有效手段。

5.4.2.2 电子对抗反无人机装备

俄军高度重视利用电子对抗力量应对上述新威胁。俄军在叙利亚的空军基地多次被恐怖分子用各种无人机、火箭弹袭击。因此，俄军在无人机电子对抗领域进行巨大投入，新建了各类反无人机装备并在中东地区取得了良好战绩。俄军典型的电子对抗反无人机装备有无线电工厂公司、伊斯托克公司联合研制的新型反无人机系统和“蔷薇”电子对抗系统（如图5－2所示）等。

• 经典案例

－无线电工厂公司、伊斯托克公司联合研制的新型反无人机系统－

系统核心是反无人机侦察指挥车，打击力量是机动式地空导弹和空空导弹，同时辅以无线电欺骗干扰设备为压制力量。机动式反无人机侦察指挥车 PY12M7 由自动控制、通信、电源、生命保障等分系统组成，安装在 BTR－80 轮式装甲车上。该系统可同时跟踪 120 个空中目标，单车侦察距离为 25 千米，在多平台联合侦察条件下最大侦察距离为 200 千米、最大侦察高度为 50

千米，最大无中继通信距离为40千米。其设置有自动化指挥席位，固定式有2人操作，便携式有1人操作，可用于指挥防空导弹兵、高射炮兵、雷达兵及战机，进行区域协同部署，实施一体化的反无人机作战。该指挥车还可根据作战需要加装无线电技术侦察、雷达侦察、光电侦察等侦察、跟踪设备。战斗中，首先以无线电技术侦察设备侦测无人机的遥控信号并测出无人机方位，之后指引侦察雷达对该方位进行探测，发现目标后，开启光电侦察设备，对无人机精确定位；最后，发出指令，对无人机进行各种攻击。

–“蔷薇”电子对抗系统–

该系统通过对无人机遥控信息链路进行大功率的信号压制和模拟无人机遥控信号进行指令欺骗两种方式对无人机实施电子对抗，达到扰乱其战场活动和抢夺其控制权的目的。据报道，该系统可以压制包括RQ－4“全球鹰”无人机、RQ－5“猎人”无人机、RQ－7“影子”无人机、RQ－11“渡鸦”无人机、RQ－170“哨兵”无人机等在内的美军多型多类无人机。

图5－2　“蔷薇”电子对抗系统

在俄乌冲突中，俄军多次采用电子干扰手段破坏无人机导航系统或者无人机与指控平台的通信数据传输链路，使得乌军 TB－2 等无人机丧失侦察能力，进而保护己方的作战目标，避免暴露位置等相关信息。

俄罗斯的经验表明，对于发展建设国家空天安全防御力量，不但需要传统的防空反导武器力量，更需要新型电子对抗系统作战力量。

5.5 电子对抗装备建设新发展

电子信息技术更新速度快，对电子对抗装备的发展建设提出了更高的要求，当前电子对抗装备发展和建设呈现出以下特点。

5.5.1 装备发展趋势

5.5.1.1 系统多功能一体化

早期的多功能指的是综合电子对抗一体化，即在统一的电子对抗管理系统控制下，将同一个平台上具有独立功能的电子对抗子系统整合为一个有机整体，形成一个综合多功能电子对抗系统，以求缩短反应时间，提高作战效能和对抗多威胁能力。第一代多功能电子对抗即将电子情报侦察、雷达告警、有源干扰、无源干扰、光电干扰、反辐射源导弹等连为一体。

目前，多功能已经扩展为侦干探通一体化，即将平台上雷达、通信、导航、光电探测、敌我识别等电子信息系统与电子对抗系统融合为一体，成为综合电子系统的组成部分。这种系统可以充分发挥单一平台上各种电子系统的效能，最大限度地减少冗余硬件，通过多传感器信息融合自动分析威胁，实时与其他平台进行信息交换，极大地提高作战平台的感知能力，且能够迅速适应不断变化的威胁并采取对抗措施，力求成倍提高整体作战平台效能。为此，美军提出了多功能综合射频概念，即通过 6～18 吉赫兹频段共享孔径，以分通道或分时的方式实现雷达通信导航电子对抗一体化。F－35 战机是“侦干探通一体化”的典型代表。机上电子对抗系统可以为飞机提供全方位的雷达告警，支持对各类辐射源的分析，并识别跟踪工作模式，测定其主波束到达角；对辐射源进行对抗，包括对有源无源干扰的统一管理等。此外，系统可以对 F－35 雷达搜索范围进行补充，电子侦察系统的天线孔径被嵌在机翼前缘、平尾和垂尾上，为飞机提供宽频、全方位的保护。雷达告警系统可以为主动式有源雷达提供敌机精确扫描方式，即引导雷达采用针状波束进行精确扫描，在降低被敌方截获的概率的同时提高搜索效率。

5.5.1.2 系统轻量化

轻量化也是电子对抗系统的发展趋势之一。轻量化体现在体积、质量、功耗方面，也体现在价格上。美军越来越重视对价格的控制。小型、轻便的电子对抗系统可以被用于车载和便携式系统中，能够在任何作战系统中按照最新的需求配置模块化系统。例如，用来对抗无线电控制简易爆炸装置（improvised explosive devices，IED）的干扰机成为地面测量的标配设备。便携式需求导致电子对抗装备需要研制小型化天线和电池以减小尺寸、减轻质量，同时提高数字信号处理和射频系统的效率。

2013 年，DARPA 启动商用时间尺度阵列项目，意图通过研发通用阵列模块和芯片，来实现天线阵列模块化和商用现货化，缩短天线阵列的研发周期，大幅降低装备成本。把相控阵天线的成本降低到现有成本的 20% 以内。其重点是利用通用模块和器件，攻研超紧耦合阵列，将高性能、高指标、高价格的定制化模块，通过低成本、通用化的器件实现系统性能不降、成本大幅降低的目的。

自 2016 年开始，美国麻省理工学院在 DARPA 的支持下，在 300 毫米硅光子晶圆基础上，开发研制出体积小于 10 美分硬币的微型单片集成激光雷达传感器。这些小型化的基础器件同样可以为电子对抗系统体积的进一步缩小提供支持。

· 前沿阵地

2021 年 8 月，DARPA 选定霍尼韦尔、诺斯罗普·格鲁曼、英国量子和原子技术公司等团队为“量子孔径”计划研究团队。“量子孔径”旨在开发基于量子射频传感器（里德堡传感器）的便携式定向射频接收机，该接收机采用全新的射频波形接收方式，能够定向接收低强度的调制射频信号，覆盖范围达到 10 兆赫兹～40 吉赫兹，具有比经典接收机更高的灵敏度、更宽的带宽和更大的动态范围。并且还将开发 1 厘米^3 的传感器元件和相关电子设备，解决传统天线频率与尺寸难以兼顾的问题。

5.5.1.3 基于微波光子电子对抗新架构

为了进一步提高大带宽适应能力进而提高电子对抗装备的时空灵活性。美国工业界提出了微波光子处理的电子对抗系统架构。2013 年以来，美国国防部发布了先进电子对抗组件项目。微波光子技术是在光域完成微波信号的传输与处理，可以充分发挥光链路天然的抗电磁干扰特性和光纤的低质量、低损耗等特性。2014 年，美国的诺斯罗普·格鲁曼公司就成功研制了高性能、超宽带光子射频接收机前端与一体化宽带同时收发技术和 0.38～40 吉赫兹的超宽带敏捷、多功能射频前端收发芯片等成果。在微波光子时频处理方面，以色列研制的光学数字并行信号处理技术实现了 8 000 吉浮点运算次数/秒的惊人运算速度，能实时完成至少 8 吉赫兹瞬时带宽内各种信号的谱处理。

5.5.2 装备建设模式

传统电子对抗系统建设周期长，耗资巨大，升级维护复杂，在日新月异的电子信息技术领域显得不合时宜。认知电子对抗更是对电子对抗装备迭代方式提出了高要求。美军特别强调电子对抗装备的迭代速度。

5.5.2.1 建设统一的开放式标准架构

美军各军种正积极探索电子对抗装备快速响应环境变化的建设方式，强调要实现可快速插入的先进电子对抗技术，以及模块化、开放式、可重构系统体系架构，建立起一个按需集成、极具弹性的电子对抗装备生成方式，实现电子对抗平台功能的快速改装和迭代升级。

随着过去电子对抗装备市场的爆炸式增长，装备型谱多样、接口不通的问题已经严重影响了系统间的协同以及快速的升级。因此，标准化对于电子对抗十分重要。开放式标准无论在技术还是在战略上都带动了电子对抗的发展。

统一的开放式标准架构的要求包括：互操作及兼容性强的模块；及时部署或插入先进电子对抗能力，响应快速变化条件，并将电子对抗对己方影响最小化；自适应协议和标准固件接口；适用于任何电子对抗部件供应商的技术和波形；软件定义的收发机和处理器；降低集成成本和风险；减少报废；促进互操作和重用性；加速传送和交付。

这一发展趋势正是美军提出的“马赛克战”在电子对抗装备领域的体现。“马赛克战”主要借鉴马赛克简单、多功能、可快速拼接等特点，实现大量低成本、单一功能武器系统的动态组合、密切协作及自主规划，形成一个按需集成、极具弹性的作战体系，能够有效防范他国对手打击并瘫痪美军关键信息网络节点，以及支撑与他国对手进行全方位的体系化作战。而统一的开放式标准架构正是电子对抗装备的“马赛克”思路。

2019年初，美国空军、海军和陆军部长发布了一份联合备忘录，要求工业界遵守开放标准。这反映了持续使用开放标准对美军的重要性。

一方面，在技术上，由于现场可编程门阵列（field programmable gate array，FPGA）的使用越来越多，模－数或数－模转换器的性能也持续提升。通用性更强的处理器可以利用“FPGA +”或通过与特定处理器耦合，为异构计算提供新的推动力。具备高性能处理能力的FPGA和通用处理器可以放到同一硅片上，其规模也更具灵活性。

另一方面，开放式标准架构可以最大程度打破垄断，让成熟的电子信息商业市场和商用技术快速进入电子对抗这样的特定军事领域。在电磁频谱领域，军事系统的发展开始被商业系统超越。全球商业通信系统研发投入远超电子对抗及其相关系统的投入。商用技术的加入减少了系统数量，也降低了质量、功率以及价格，增强了作战人员的能力。无论是找到解决方案，还是节省研发资金，商业市场都有助于美国国防工业的发展。采用开放标准并与工业界保持紧密关系还能有效缩短装备升级所需的研发时间——洛克希德·马丁公司表示，部分电子对抗系统 24 个月的研发周期现在可以缩短至 30 天。Exelis 公司开发的认知电子对抗系统“破坏者 SRx”也是采用开放式体系架构，可重构，方便升级，灵活性大幅提升，成本大幅降低，方便安装于各类陆海空平台。

5.5.2.2 建立从需求到交付的快速迭代流程

除了建立开放式标准电子对抗架构，美军还在寻求电子对抗装备采购和交付方式的变革。以美国陆军为例，其瞄准以软件定位为核心的快速迭代思路，缩短需求到交付的流程。美国陆军卓越网络中心司令约翰·莫里森在防御性网络作战研讨会上表示，“陆军内部正在发生一个根本性转变，即通过在作战环境中的实验和演示来熟悉需求，而非编写需求文档并将其搁置十年之久。”例如，陆军的电子对抗规划与管理工具（electronic warfare planning and management tool，EWPMT）是一个覆盖在物理地图上的软件界面，可以让士兵直观地管理他们在电磁频谱中的信号输出并进行规划。对于该工具，陆军训练和条令司令部负责电子对抗和频谱管理的马克·多特森表示，从需求角度来看，目前的节奏并不能满足作战人员的需求。由于美军在欧洲遇到了俄罗斯干扰技术以及在实战条件下对移动环境中便捷操作的需求，陆军随后递交了更先进的版本，绰号“乌鸦爪”。马克·多特森表示，士兵直接将反馈提供给项目管理者，这样电子对抗装备就可以随着时间推移而动态变化。

5.5.2.3 形成电子对抗装备高精度测试机制

对电子对抗系统性能优劣的标准是它与对手电子信息系统交战时的实际表现。美军已经非常重视为电子对抗系统在研发、交付、日常应用阶段的高精度测试。其核心就是建设电子对抗威胁仿真能力。美军认为，开发新一代电子对抗技术，在包含各种敌方辐射源、友方辐射源、商业辐射源等真实电磁环境中进行测试是必不可少的。测试环境越真实，对研发越有利。因此，有效的威胁模拟应该包括所有时刻、所有射频辐射源的位置与距离，以及战场上由于相对运动带来的辐射源信号在幅度、相位、频率上的变化。但是，实现对复杂辐射源的逼真模拟技术难度极大，美国资深电子对抗专家指出，“威胁场景可能有 N 个，但是我们不可能知道 N 是多少”。例如，对于有源电扫相控阵雷达可以在瞬时同时改变多个信号特性，因此电子对抗系统必须应对的雷达工作模式数量是无法确定的。目前，国际上电子对抗仿真模拟器被美国少数几个公司占领，主要包括：诺斯罗普·格鲁曼公司的电磁战斗环境模拟器（combat electromagnetic environment simulator，CEESIM）、EWST 公司的 RSS8000 以及 Textron 公司的 A2PATS。CEESIM 已经使用商用现货及数字信号处理软件定义系统，并具备 2D 和 3D 可视化功能，能显示威胁范围、天线方向和平台信息，以提供全面的态势感知。2018 年初，美国海军空战中心接收了一套 CEESIM，为 F－35 战斗机 ASQ－239 电子对抗系统提供测试支持。电子对抗仿真面临的最大挑战是随着电磁环境的日益复杂，电子对抗仿真需要在每秒产生的脉冲数超过数百万个，但是当前锁相振荡器的频率切换时间约为 1 微秒，这就导致不同频率的脉冲之间可能存在间隙。随着脉冲密度的增加，漏掉脉冲的可能性正在增大。随着认知电子对抗概念的出现，电子对抗模拟器需要描述的作战环境复杂性在呈指数倍增加。

5.6 电子对抗运用方式新发展

电子对抗运用正朝着网络协同的新方式发展，特别是电子对抗系统之间、电子对抗系统与火力平台之间、电子对抗系统与指控系统之间通过组网实现威胁信息共享，协调进攻行动可以大幅度提高攻击系统的效能。

电子对抗的网络协同也是美军“网络中心战”思想在电子对抗领域的延伸。通过战术数据链实现多平台联网，共享探测数据，可对目标实施快速高精度协同定位。美军一直致力于多平台组网定位技术的研究，特别是经过最近几次高技术局部战争之后，美军更加注重开发基于网络的多平台定位技术，力求提高对移动目标的作战能力。见之于报道的有关系统包括：精确定位与打击系统（precise location and strike system，PLSS）、F－22 战机编队无源组网定位技术、网络中心协同目标瞄准（network center collaborative targeting，NCCT）系统、集群电子对抗等。

1. 精确定位与打击系统

PLSS 是美军开发的类似 C^3I 的信息收集和处理系统。该系统使用多架侦察机，它们在远处探测到地方探空雷达等目标，然后把信息逐级发送给地面站，由地面站统一融合处理，并把目标的准确位置提供给强击机，以便后者对这些目标实施攻击。PLSS 可以以主动和被动两种方式工作。主动工作时，PLSS 使用其侧视雷达，可以观察到敌方纵深 55 千米内的目标。被动工作时，三架 TR－1 飞机以三角构形飞行，利用机载的无源探测器侦收敌方辐射源信息，并传递到地面站，由地面站进行处理并计算出目标位置，地面系统把敌方雷达位置数据经 TR－1 传给 F－16 或其他攻击系统。该系统在结构上比较复杂，要由多架载机和地面站共同组成并在其中交换数据，而且地面站要对侦察机连续精确跟踪以获取高精度的侦察机实时位置数据。

2. F－22 战机编队无源组网

F－22 战斗机编队无源组网是 F－22 机载电子设备最主要的工作方式之

一。为达到隐身目的，F－22没有沿用传统的战场情报感知手段，而是采用了多传感器融合的方法。机上配备了两条数据链路：一条为标准的VHF或UHF无线电频率链路，另一条为近距离联系两架或更多F－22的飞机间飞行数据链路（intra flight data link，IFDL），这也是一条小功率低截获链路。传感器孔径连接到机身前部的通用综合处理器库中。预计在执行任务中，无源系统由于作用距离远，将负责飞机编队的远程预警。编队内各飞机通过IFDL联系，使用多站无源定位体制，对辐射源进行准确定位，并据此对有源雷达进行引导。

3. 网络中心协同目标瞄准系统

网络中心协同目标瞄准系统是美国L－3通信公司为美国国防部、空军和海军协同开发的一种开放式网络中心战设施和软件系统。这一系统将综合美军有人、无人以及天基实时情报、侦察和搜索系统，使其更加精确快速地对目标进行定位，为作战人员提供精确的情报支持。NCCT系统的设计目的是能够在几秒内收集并融合情报数据，识别跟踪并定位敌方辐射源。NCCT系统采用了自动相关处理技术，使多个平台之间快速完成协同目标定位和识别。它在飞行中利用以IP协议为基础的“平台－平台”的协同能力，可从其他各平台通过数据链传来的多个信息流中选出相关信息，通过综合和融合处理形成单一的、合成的目标跟踪图。如果合成图仍不足以完成目标识别，那么系统将自动地分派另一个平台寻求其他目标信息源，同时继续保持对目标的跟踪。由于NCCT系统是一个开放的网络中心结构，所以其软件设计可以将机载和地面设施集成在一起，通过设施之间的相互交换实现对地面目标的探测、定位、跟踪和瞄准，从而可以更有效地执行瞄准任务。

为验证NCCT系统的性能，美、英两国曾举行“三叉戟勇士”演习，参加演习的美国海军和空军以及英国空军的作战装备都被连接成了一个网络。此次演习中与之协同的装备平台都具有信号和通信情报侦察能力，或地面移动目标监视能力。参与的平台有美国空军的E－8C“联合星”、RQ－4“全球鹰”、U－2的通用地面站、RC－135“铆钉接头”、EC－130“罗盘呼叫”、

EC－130J“突击队员独奏”等信号情报侦察飞机，美国陆军的RC－12“护栏”系统飞机，美国海军的E－2C“鹰眼”和“硫黄岛”号两栖攻击舰，以及英国的“猎迷”和E－3D预警机。演习结果表明，这种新型网络瞄准技术目前已经基本可以达到在数秒钟内精确确定活动目标位置的水平。系统不仅可以精确定位敌方雷达及通信源，而且一旦精确定位完成，即可进行电子攻击，用导弹或炸弹精确地将目标摧毁。

类似地，美国海军EA－18G能够通过海军综合火控网与其他平台协同使用电子侦察精确定位威胁辐射源。多架EA－18G通过协同不仅可以对目标实施精确定位，还可以实时跟踪雷达波形的变化，实现高效干扰。例如，采用三架EA－18G协同，其中两架实施有源干扰，第三架工作在无源侦察模式。第三架飞机通过自身侦察系统或接收其他传感器发送的目标参数变化，通过Link16或者战术目标网络技术（tactical targeting network technology，TTNT）高速数据链传输给另外两架EA－18G，另外两架飞机在不停止干扰的情况下可以实时跟踪目标雷达参数的变化，实现体系条件下的收发同时，从而满足干扰波形的精确匹配。

4. 集群电子对抗

集群电子对抗建立在电子对抗装备小型化及集群技术的基础上，其可以通过分布式、协同式作战方式完成电子侦察、电子欺骗与电子干扰等行动。最典型的集群电子对抗装备就是电子对抗无人机蜂群。分布于不同区域的小型电子对抗无人机，既可独立完成任务，也能够在整体目标的驱动下，在通信网络的支撑下，执行协作任务。美国在集群电子对抗领域开展了系列项目，包括“小精灵”、进攻性蜂群使能战术、动态网络自适应、低成本无人机集群技术、拒止环境下的协同作战等。其中，最典型的是“小精灵”项目，其作战场景是携带侦察或电子进攻载荷的无人机在没有可靠陆基或海基着陆点时，于敌方防区外通过运输机等空中平台发射，通过信息共享、作战协同的集群来突破敌方对空防御系统。类似地，美国陆军还开展了“空射效应”蜂群无人机项目。该类无人机可以由“未来先进武装攻击侦察直升机”“突击运输直升机”或“灰鹰”大型无人机从空中发射，通过战术网络将电子侦察目标数据向有人驾驶平台、其他无人机和地面部队进行反馈。美国陆军2022年的演习，成功对该作战概念和方式进行了演示验证。美国海军开展的典型集群电子对抗项目是“复仇女神”，其旨在开发出一种新的电子对抗体系，通过网络化协同方式将逼真的虚假目标和诱饵投射到敌方分布于水面上和水面下的传感器上，达到作战场景的欺骗。

参考文献

[1] 《电子战技术与应用:通信对抗篇》编写组. 电子战技术与应用：通信对抗篇[M]. 北京：电子工业出版社，2005.

[2] 戴清民. 电子防御导论[M]. 北京：解放军出版社，1999.

[3] 邓志宏，老松杨. 赛博空间概念框架及赛博空间作战机理研究[J]. 军事运筹与系统工程，2013，27(3)：28－31，58.

[4] 电磁频谱战. 战略预警:美国海军神秘项目将开启下一代电子战革命[EB/OL].(2019－11－11)[2022－11－15]. https://www.secrss.com/articles/14971.

[5] 范爱锋，程启月. 赛博空间面临的威胁与挑战[J]. 火力与指挥控制，2013，38(4)：1－3，8.

[6] 范勇，李为民. 无人机对未来防空作战的影响及对策研究[J]. 现代防御技术，2003，31(5)：8－11.

[7] 冯斌，杜国新，栗铁桩. 空间信息对抗的作用及其对策[J]. 通信对抗，2005(1)：46－49.

[8] 顾楚梅,曹建军,王保卫,等.基于混合式特征选择的辐射源个体识别[J]. 计算机科学,2024，51(5)：267－276.

[9] 郭福成，樊昀，周一宇，等. 空间电子侦察定位原理[M]. 北京：国防

工业出版社，2012.

[10] 郭巍，王光辉. 无人机：新的空战目标[J]. 国际航空，2010(1)：26.

[11] 国防科技要闻. 美国防部发布新版“电子战战略”强化防御和进攻性电子战技术发展[EB/OL].(2017-09-15)[2022-11-15]. https://www.sohu.com/a/192119618_635792.

[12] 国防科技要闻. 美智库发布报告分析美中俄三国的电子战能力[EB/OL].(2019-11-28)[2022-11-15]. https://www.sohu.com/a/357050997_635792.

[13] 国防科技要闻. 认知电子战:射频频谱与机器学习[EB/OL].(2018-09-14)[2022-11-15]. https://www.sohu.com/a/253817578_635792.

[14] 何浩明. 雷达对抗信息处理[M]. 北京：清华大学出版社，2010.

[15] 胡来招. 无源定位[M]. 北京：国防工业出版社，2004.

[16] 姜福涛，赵禄达. 美军电磁频谱战发展及现状[J]. 航天电子对抗，2021，37(4)：60-64.

[17] 蒋盘林. 从传统电子战走向信息战：电子战发展简史及信息战的定义与内涵[J]. 电子信息对抗技术，2005，20(4)：3-11,40.

[18] 焦传海，王可人. 认知通信电子防御技术探索[J]. 现代防御技术，2010，38(5)：61-65,72.

[19] 雷达通信电子战. 最先进电子战飞机“EA-18G Growler”详细介绍(含：APG-79/ALQ-99/218/USQ-113/INCANS)[EB/OL].(2017-08-12)[2022-11-15]. https://www.sohu.com/a/164205515_695278.

[20] 李建华，赵全习，许伟，等. 软杀伤抗击无人机作战研究[J]. 飞航导弹，2010(7)：55-59.

[21] 李建华，赵全习，许伟. 近程防空武器抗击无人机难点及对策分析[J]. 飞航导弹，2010(5)：27-31.

[22] 李如年，倪国旗. 防空武器系统抗击无人机研究[J]. 飞航导弹，2010(8)：30-33.

喆. 美军典型电磁频谱战项目及发展趋势综述[J]. 飞航导弹, 2020(5): 71 -74.

[24] 廖兴和, 孟祥劝, 赵伟东. 抗击军用无人机问题研究[J]. 现代防御技术, 2001, 29(4): 12 -16.

[25] 刘进忙, 罗红英, 曾繁伦. 未来防空作战抗无人机的趋势及对策[J]. 飞航导弹, 2007(12): 22 -25, 34.

[26] 刘重阳. 国外无人机技术的发展[J]. 舰船电子工程, 2010, 30(1): 19 -23.

[27] 卢昱. 空间信息对抗[M]. 北京: 国防工业出版社, 2009.

[28] 罗杰. 从“全球鹰”数据链看无人机通信技术发展[J]. 国际航空, 2009(11): 21 -23.

[29] 倪丛云, 黄华. 认知电子战系统组成及其关键技术研究[J]. 舰船电子对抗, 2013, 36(3): 32 -35, 87.

[30] 平殿发, 刘峰. 电子战与网络战的一体化[J]. 现代电子技术, 2003, 26(18): 6 -8.

[31] 沈妮, 肖龙, 谢伟, 等. 认知技术在电子战装备中的发展分析[J]. 电子信息对抗技术, 2011, 26(6): 22 -26.

[32] 苏宪程, 于小红, 孙福安. 空间电子对抗及其主要途径[J]. 舰船电子对抗, 2008, 31(3): 13 -16.

[33] 孙仲康, 郭福成, 冯道旺, 等. 单站无源定位跟踪技术[M]. 北京: 国防工业出版社, 2008.

[34] 滕哲, 张永刚. 美军电子战定义的演变与未来发展[J]. 舰船电子工程, 2007, 27(6): 34 -37, 184, 198.

[35] 王力波. 美国空间对抗新思维与装备技术发展新动向[J]. 航天电子对抗, 2012, 28(5): 13 -15, 37.

[36] 王铭三. 通信对抗原理[M]. 北京: 解放军出版社, 1999.

[37] 王沙飞, 李岩, 徐迈, 等. 认知电子战原理与技术[M]. 北京: 国防工业出版社, 2018.

[38] 温敬朋,杨健,王沙飞. 电子战装备技术发展现状与展望[J]. 信息对抗技术,2022,1(1):1-10.

[39] 新浪网. 伊朗工程师首次披露诱捕美军隐形无人机细节[EB/OL]. (2011-12-17)[2022-11-15]. http://mil.news.sina.com.cn/2011-12-17/1058677923.html.

[40] 星辉. 卫星通信在无人机上的应用[J]. 无人机, 2008(2): 8-11.

[41] 熊群力. 综合电子战: 信息化战争的杀手锏[M]. 北京: 国防工业出版社, 2008.

[42] 徐弘良. 美国《电磁频谱优势战略》报告解析[J]. 中国无线电, 2021(1): 24-25,30.

[43] 徐青. 空间信息对抗能力与技术需求[J]. 航天电子对抗, 2006,22(4): 19-21,24.

[44] 杨小牛, 楼才义, 徐建良. 软件无线电原理与应用[M]. 北京: 电子工业出版社, 2001.

[45] 杨小牛. 从软件无线电到认知无线电,走向终极无线电: 无线通信发展展望[J]. 中国电子科学研究院学报, 2008, 3(1): 1-7.

[46] 杨小牛. 通信电子战: 信息化战争的战场网络杀手[M]. 北京: 电子工业出版社, 2011.

[47] 杨永华, 夏文成. 美空军网络空间司令部简介[J]. 外军信息战, 2008(3): 12-15.

[48] 夜云. 美海军秘密电子战项目可能改变未来海战[EB/OL]. (2021-04-22)[2022-11-15]. https://www.kuaihz.com/tid1/tid91_526241.html.

[49] 佚名. 俄罗斯电子战体系运用及实战战法揭秘[EB/OL]. (2022-04-25)[2022-11-15]. http://www.360doc.com/content/22/0425/16/30371784_1028244641.shtml.

[50] 余永林, 王刚, 赵炯, 等. 赛博空间攻击关键技术体系研究[J]. 中国电子科学研究院学报, 2012, 7(1): 107-110.

各前沿技术. 美空军研究2040年前电子战发展[EB/OL]. (2018-09-02)[2022-11-15]. https://www.sohu.com/a/251441586_465915.

[52] 张剑, 周侠, 张一然, 等. 基于雅可比显著图的电磁信号快速对抗攻击方法[J]. 通信学报, 2024, 45(1): 180-193.

[53] 张珂, 张璇, 金家才. 认知电子战初探[J]. 航天电子对抗, 2013, 29(1): 53-56.

[54] 张锡祥, 肖开奇, 顾杰. 新体制雷达对抗导论[M]. 北京: 北京理工大学出版社, 2010.

[55] 赵国庆. 雷达对抗原理[M]. 西安: 西安电子科技大学出版社, 1999.

[56] 赵志勇, 毛忠阳, 刘锡国, 等. 军事卫星通信与侦察[M]. 北京: 电子工业出版社, 2013.

[57] 中国人民解放军总参谋部第四部. 电子对抗术语: GJB891A—2001[S]. 北京:总装备部军标出版发行部, 2001.

[58] 周业军, 周钠, 齐维孔. 国外空间电子对抗技术现状与发展趋势展望[J]. 电子对抗, 2013(1): 6-11.

[59] 周一宇, 安玮, 郭福成, 等. 电子对抗原理[M]. 北京: 电子工业出版社, 2009.

[60] 朱秀丽, 杨军. 美国空间战理论及电子装备发展研究[J]. 光电技术应用, 2008, 23(1):5-9.

[61] 庄海孝, 姚志健, 徐超,等. 空间电子对抗系统研究[J]. 航天电子对抗, 2013, 29(1): 11-13,30.

[62] 总装备部电子信息基础部. 电子战和信息战技术与装备[M]. 北京: 原子能出版社, 航空工业出版社, 兵器工业出版社, 2003.

[63] ARNOLD J T. The shoreline: where cyber and electronic warfare operations coexist[D]. Alabama: Air University, 2009.

[64] CROWELL R M. War in the information age: a primer for cyberspace operations in 21st century warfare[R]. Naval War Coll Newport Ri, 2010.

[65] FAN R, SI C K, HAN Y, et al. RFFsNet-SEI: a multidimensional balanced-RFFs deep neural network framework for specific emitter identification[J]. Journal of Systems Engineering and Electronics, 2024, 35(3): 558-574.

[66] HAYKIN S. Cognitive radar: a way of the future [J]. IEEE Signal Processing Magazine, 2006, 23(1): 30-40.

[67] HAYKIN S. Cognitive radio: brain-empowered wireless communications [J]. IEEE Journal on Selected Areas in Communications, 2005, 23(2): 201-220.

[68] MITOLA J, Ⅲ, MAQUIRE G Q, Jr. Cognitive radio: making software radios more personal [J]. IEEE Personal Communications, 1999, 6(4): 13-18.

[69] MITOLA J, Ⅲ. Cognitive radio: agent-based control of software radios[C]//Proceedings of the 1st Karlsruhe Workshop on Software Radio Technology, 2000.

[70] MITOLA J, Ⅲ. Cognitive radio: an integrated agent architecture for software defined radio[D]. Kista: Royal Institute of Technology, 2000.

[71] MITOLA J, Ⅲ. Cognitive radio for flexible mobile multimedia communications [C]//Proceedings of IEEE International Workshop on Mobile Multimedia Communications, 1999: 3-10.

[72] NERI F. Introduction to electronic defense systems[M]. Norwood, MA: Artech House Inc., 2001.

[73] PAN Q R, AN Z L, ZHAO X P, et al. The power of precision: high-resolution backscatter frequency drift in RFID identification [J]. IEEE Transactions on Mobile Computing, 2024, 23(8): 8370-8385.

[74] RAUCH D E. Electronic warfare for cyber warriors[M]. Ohio: Air Force Inst. of Tech., 2008.

[75] SCHLEHER D C. Electronic warfare in the information age[M]. Norwood, MA: Artech House Inc., 1999.

Forum Cognitive Radio Working Group. Cognitive radio definitions and nomenclature[R]. (2008-09-10)[2022-11-15]. http://www.sdrforum.org/pages/documentLibrary/documents/SDRF-06-P-0009-V1_0_0_CRWG_Defs.pdf.

[77] TSUI J B. Fundamentals of global positioning system receivers: a software approach[M]. Hoboken: John Wiley &Sons, Inc., 2004.